电子元器件

故障检测与维修实践技巧

王红军 高宏泽◎编著

中国铁道出版社有限公司

CHINA RAILWAY PUBLISHING HOUSE CO., LTD.

内 容 简 介

本书以现场实操图解的方式系统地讲解了电阻器、电容器、电感器、二极管、三极管、场效应管、晶振等常用电子元器件识别、故障检测、维修等实用技能；同时在每章的章尾给出了相辅相成的实践案例；本书的最后一章向读者讲解了基本单元电路的检测维修，帮助读者从元器件顺利过渡向单元电路。

我们把与图书内容一一对应的 23 段现场检测视频以二维码形式嵌入书中相应章节，读者可实现即扫即看。

本书内容全面，图文并茂，强调动手能力和实用技能的培养，结合图解更有助于增加实践经验。本书可作为从事专业硬件维修工作人员的参考用书，也可作为培训班与高等专业学校相关专业师生的参考资料。

图书在版编目（CIP）数据

电子元器件故障检测与维修实践技巧全图解/王红军，高宏泽编著.—北京：中国铁道出版社，2018.1（2019.12重印）
ISBN 978-7-113-23895-7

Ⅰ.①电… Ⅱ.①王… ②高… Ⅲ.①电子元器件-故障检测-图解②电子元器件-维修-图解 Ⅳ.①TN606-64

中国版本图书馆CIP数据核字(2017)第252075号

书　　名：**电子元器件故障检测与维修实践技巧全图解**
作　　者：王红军　高宏泽　编著

责任编辑：荆　波　　　　　　读者热线电话：010-63560056
责任印制：赵星辰　　　　　　封面设计：**MXK** DESIGN STUDIO

出版发行：中国铁道出版社有限公司（北京市西城区右安门西街8号，邮政编码100054
印　　刷：中煤（北京）印务有限公司
版　　次：2018年1月第1版　　　2019年12月第4次印刷
开　　本：880mm×1 230mm　1/32　印张：7.625　字数：263千
书　　号：ISBN 978-7-113-23895-7
定　　价：49.80元

前　　言

一、为什么写这本书

任何电器设备的电路板都是由最基本的电子元器件所组成，这些电器设备出现故障，大多数情况是元器件故障所致。因此掌握电子元器件的故障维修方法，是学会各种硬件设备故障维修的基础。

本书以现场检测实操和图解的方式讲解，方便初学者快速掌握电子元器件好坏的检测方法。本书是专为普通维修用户编写的，为维修学习人员提供师傅带徒弟式的教程，使其快速成长为专业的硬件维修工程师。

二、全书学习地图

工欲善其事，必先利其器；本书开篇首先介绍维修工具的使用方法，然后依次讲解了电阻器、电容器、电感器、二极管、三极管、场效应管、变压器、晶振、集成电路等常用元器件的识别方法、常见故障诊断方法、好坏检测方法、代换方法及现场检测实操。

全书结合实操和图解来讲，方便初学者快速掌握电子元器件故障检修的检测方法。

三、本书特色

（1）技术实用，内容丰富

本书总结了日常维修中实用有效的电子元器件维修检测技术（如元器件故障诊断技术、代换方法等）。另外，本书还结合实操讲解了使用数字万用表和指针万用表的使用方法。

（2）大量实训，增加经验

本书结合了大量检测实操对电路板中的各类电子元器件进行了实际检测判断，并配备了大量的实践操作图，总结了丰富的实践经验。读者通过学习这些实训内容，可以轻松掌握电子元器件的故障检测与判断方法。

（3）实操图解，轻松掌握

本书讲解过程使用了直观图解的方式，上手更容易，学习更轻松。读者可以一目了然地看清元器件的检测判断过程，快速掌握所学知识。

四、读者定位

本书旨在帮助稍有基础的硬件维修从业人员通过维修技巧和实践案例的学习达到积累经验的目的，缩短读者从理论到实践的距离；除此之外，本书还可以作为职业技术学校及培训班的教材之用。

五、即扫即看二维码视频

专门为本书制作的23段精彩维修讲解视频，以二维码的形式嵌入书中相应章节，读者可实现即扫即看。

六、附赠整体扫码下载包

为方便不同网络环境的读者学习，我们把28段精彩维修视频整体打包，以二维码形式放到本书封底左上方，读者扫码后可下载全部视频，以便随时观看学习。

七、本书作者团队

本书由王红军、高宏泽编著，参加本书编写的人员还有王红明、韩海英、付新起、韩佶洋、多国华、多国明、李传波、杨辉、贺鹏、连俊英、孙丽萍、张军、刘继任、齐叶红、刘冲等。

由于作者水平有限，书中难免有疏漏和不足之处，恳请业界同仁及读者朋友提出宝贵意见。

编者

2017年10月

目　录

第6章　三极管常见故障检测与维修实操 ·············· **119**

第11章　基本单元电路检测维修 ·················· 207

源自实践　点滴积累

谨以本书献给正在成长中的硬件维修工程师

第 1 章

常用检测仪器与工具使用方法

磨刀不误砍柴工，在讲解具体元器件检测之前，我们利用第 1 章的篇幅详细讲述一下电子元器件检测中用到的检测仪器与工具。通过对数字／指针万用表、电烙铁、吸锡器和热焊风台的了解，并熟练掌握其使用方法，为后续实训技能的学习夯实基础。

1.1 指针万用表使用方法

万用表是一种多功能、多量程的测量仪表；可测量直流电流、直流电压、交流电流、交流电压、电阻和音频电平等，是电子元器件检测维修中必备的测试工具。

指针万用表更适合观察被测信号的变化；其过载能力较强，不易损坏，价格也比较便宜。但在测量精度和功能性上相较于数字万用表要差一些。

1.1.1 指针万用表的结构

1. 指针万用表的表盘

图1-1所示为指针万用表表盘，表盘由表头指针和刻度等组成。

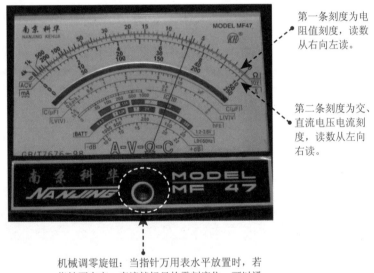

第一条刻度为电阻值刻度，读数从右向左读。

第二条刻度为交、直流电压电流刻度，读数从左向右读。

机械调零旋钮：当指针万用表水平放置时，若指针不在交、直流挡标尺的零刻度位，可以通过调节机械调零旋钮使指针回到零刻度。

图1-1　指针万用表表盘

2. 指针万用表的表体

图1-2所示为指针万用表表体，其主要由功能旋钮、欧姆调零旋钮、表笔插孔及三极管插孔等组成。其中，功能旋钮可以将万用表的挡位在电阻

（Ω）、交流电压（V）、直流电压（V）、直流电流挡和三极管挡之间进行转换；表笔插孔分别用来插红、黑表笔；欧姆调零旋钮用来给欧姆挡置零；三极管插孔用来检测三极管的极性和放大系数。

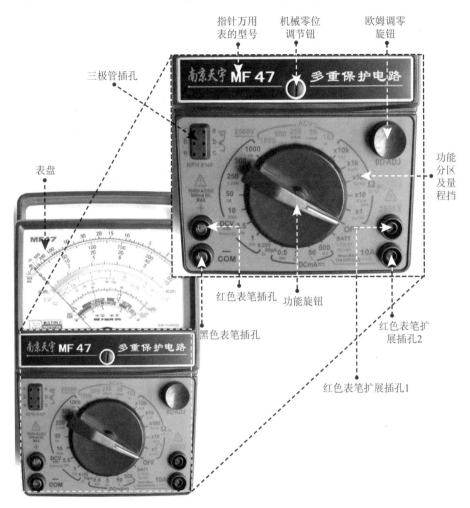

图1-2　指针万用表的表体

1.1.2　指针万用表量程的选择方法

使用指针万用表测量时，能要选择合适的量程，这样才能测量准确。指针万用表量程的选择方法如图1-3所示。

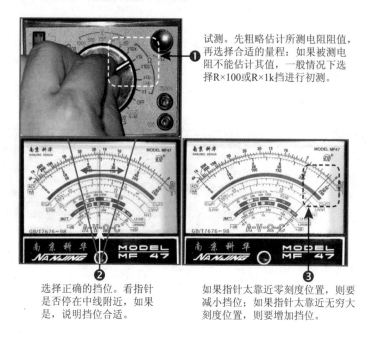

试测。先粗略估计所测电阻阻值，再选择合适的量程：如果被测电阻不能估计其值，一般情况下选择R×100或R×1k挡进行初测。

选择正确的挡位。看指针是否停在中线附近，如果是，说明挡位合适。

如果指针太靠近零刻度位置，则要减小挡位；如果指针太靠近无穷大刻度位置，则要增加挡位。

图1-3　指针万用表量程的选择方法

1.1.3　指针万用表的欧姆调零实操

在量程选准以后在正式测量之前必须调零，如图1-4所示。

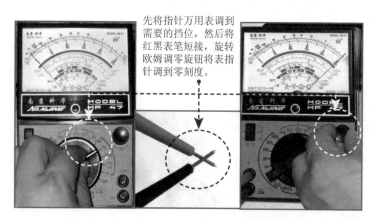

先将指针万用表调到需要的挡位，然后将红黑表笔短接，旋转欧姆调零旋钮将表指针调到零刻度。

图1-4　指针万用表的欧姆调零

需要注意的是，如果重新换挡，在测量之前也必须调零一次。

1.1.4 用指针万用表测量电阻实操

用指针万用表测电阻的方法如图1-5所示。

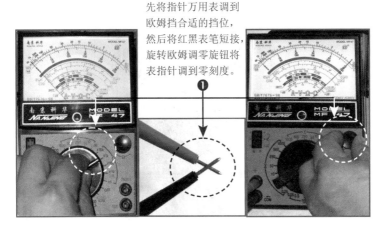

先将指针万用表调到欧姆挡合适的挡位，然后将红黑表笔短接，旋转欧姆调零旋钮将表指针调到零刻度。❶

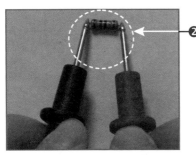

测量时应将两表笔分别接触待测电阻的两极（要求接触稳定踏实），观察指针偏转情况。如果指针太靠左，那么需要换一个稍大的量程。如果指针太靠右，那么需要换一个较小的量程。直到指针落在表盘的中部（因表盘中部区域测量更精准）。❷

读取表针读数，然后将表针读数乘以所选量程倍数，如选用"R×1k"挡测量，指针指示17，则被测电阻值为17×1k＝17 kΩ。❸

图1-5 用指针万用表测量电阻的方法

1.1.5 用指针万用表测量直流电流实操

用指针万用表测量直流电流的方法如图1-6所示。

根据指针稳定时的位置及所选量程，正确读数。读出待测电流值的大小。为指针万用表测出的电流值，指针万用表的量程为5 mA，指针走了3个格，因此本次测得的电流值为3 mA。

把转换开关拨到直流电流挡，估计待测电流值，选择合适量程。如果不确定待测电流值的范围，需选择最大量程，待粗测量待测电流的范围后改用合适的量程。

断开被测电路，将指针万用表串联接于被测电路中，不要将极性接反，保证电流从红表笔流入，黑表笔流出。

图1-6 指针万用表测出的电流值

1.1.6 用指针万用表测量直流电压实操

测量电路的直流电压时，选择万用表的直流电压挡，并选择合适的量程。当被测电压数值范围不清楚时，可先选用较高的量程挡；不合适时再逐步选用低量程挡，使指针停在满刻度的2/3处附近为宜。

指针万用表测量直流电压方法如图1-7所示。

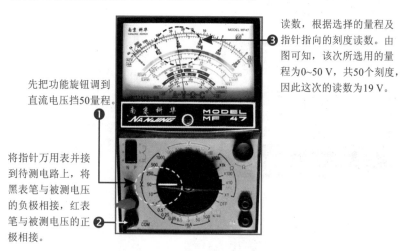

读数，根据选择的量程及指针指向的刻度读数。由图可知，该次所选用的量程为0~50 V，共50个刻度，因此这次的读数为19 V。

先把功能旋钮调到直流电压挡50量程。

将指针万用表并接到待测电路上，将黑表笔与被测电压的负极相接，红表笔与被测电压的正极相接。

图1-7 指针万用表测量直流电压

1.2　数字万用表使用方法

1.2.1　数字万用表的结构

数字万用表具有显示清晰、读数方便、测量精度高、功能多样等优点；但是也存在着过载能力差、价格较贵等缺点。数字万用表主要由液晶显示屏、挡位选择钮、各种插孔等组成，如图1-8所示。

精彩视频　即扫即看

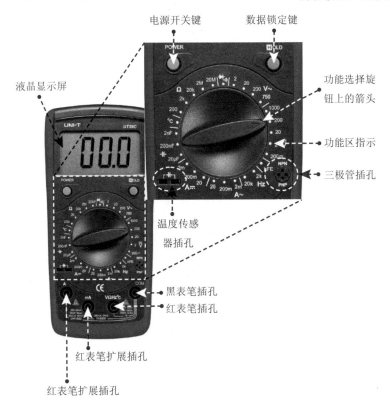

图1-8　数字万用表的结构

1.2.2　用数字万用表测量直流电压实操

用数字万用表测量直流电压的方法如图1-9所示。

读数，若测量数值为"1."，说明所选量程太小，需改用大量程。如果数值显示为负代表极性接反（调换表笔）。表中显示的19.59即为测量的电压。 ❹

将挡位旋钮调到直流电压挡"V-"，选择一个比估测值大的量程。 ❷

将两表笔分别接电源的两极，正确的接法应该是红表笔接正极，黑表笔接负极。 ❸

因为本次是对电压进行测量，所以将黑表笔插入数字万用表的"COM"孔，将红表笔插入数字万用表的"VΩ"孔。 ❶

图1-9　数字万用表测量直流电压的方法

1.2.3　用数字万用表测量直流电流实操

使用数字万用表测量直流电流的方法如图1-10所示。

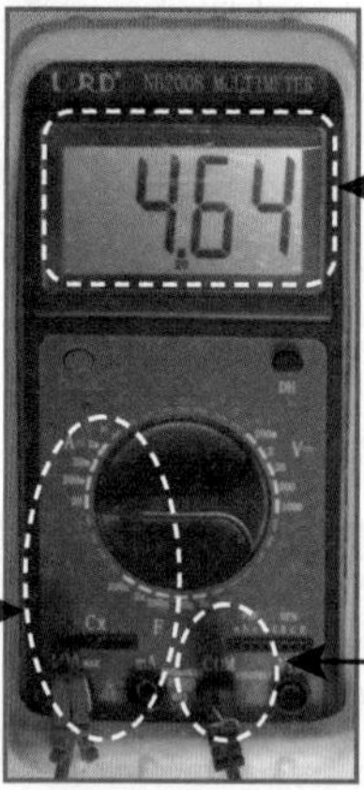

读数，若显示为"1."，则表明量程太小需要加大量程，本次电流的大小为4.64 A。 ❸

若待测电流估测大于200 mA，则将红表笔插入"10A"插孔，并将功能旋钮调到直流"20A"挡；若待测电流估测小于200 mA，则将红表笔插入"200mA"插孔，并将功能旋钮调到直流200 mA以内适当量程。 ❶

测量电流时，先将黑表笔插的"COM"孔。将数字万用表串联接入电路中使电流从红表笔流入，黑表笔流出，保持稳定。 ❷

图1-10　数字万用表测量直流电流的方法

提示

交流电流的测量方法与直流电流的测量方法基本相同，不过需将旋钮放到交流挡位。

1.2.4 用数字万用表测量二极管

用数字万用表测量二极管的方法如图1-11所示。

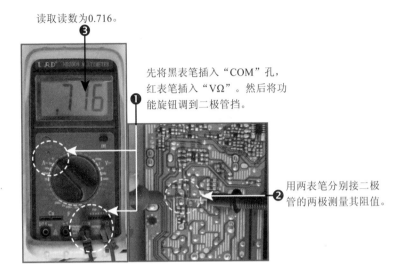

读取读数为0.716。

❸

先将黑表笔插入"COM"孔，红表笔插入"VΩ"。然后将功能旋钮调到二极管挡。

❶

用两表笔分别接二极管的两极测量其阻值。

❷

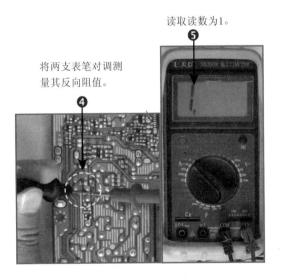

读取读数为1。

❺

将两支表笔对调测量其反向阻值。

❹

图1-11 数字万用表测量二极管的方法

提示

一般锗二极管的压降为0.15~0.3，硅二极管的压降为0.5~0.7，发光二极管的压降为1.8~2.3。

由于该硅二极管的正向阻值约为0.716，基本在正常值0.5~0.7之间，且其反向电阻为无穷大。该硅二极管的质量基本正常。

1.3 电烙铁使用方法

电烙铁是通过熔解锡进行焊接修理时必备的工具，主要用来焊接元器件间的引脚。图1-12所示为常用的电烙铁。

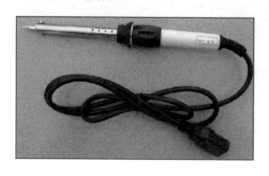

图1-12 电烙铁

1.3.1 电烙铁的分类

电烙铁的种类比较多，常用的电烙铁分为外热式、内热式、恒温式和吸锡式等几种。

1. 外热式电烙铁

外热式电烙铁由烙铁头、烙铁芯、外壳、木柄、电源引线、插头等部分组成，因其烙铁头安装在烙铁芯里面而得名，如图1-13所示。

外热式电烙铁的烙铁头一般由紫铜材料制成，它的作用是存储和传导热量。使用时烙铁头的温度必须要高于被焊接物的熔点。烙铁的温度取决于烙铁头的体积、形状和长短。另外，为了适应不同焊接要求，有不同规格的烙铁头，常见的有锥形、凿形、圆斜面形等。

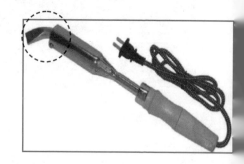

图1-13 外热式电烙铁

2. 内热式电烙铁

内热式电烙铁因其烙铁芯安装在烙铁头里面而得名，如图1-14所示。

内热式电烙铁由手柄、连接杆、弹簧夹、烙铁芯、烙铁头组成。内热式电烙铁发热快，热利用率高（一般可达350 ℃）且耗电小、体积小，因而得到了更加普遍的应用。

图1-14　内热式电烙铁

3. 恒温电烙铁

恒温电烙铁头内，一般装有电磁铁式的温度控制器，通过控制通电时间而实现温度控制，如图1-15所示。

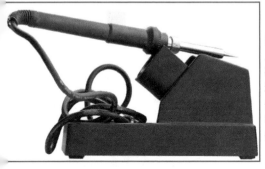

当给恒温电路图通电时，电烙铁的温度上升，当达到预定温度时，其内部的强磁体传感器开始工作，使磁心断开停止通电。当温度低于预定温度时，强磁体传感器控制电路接通控制开关，开始供电使电烙铁的温度上升。如此循环往复，便得到温度基本恒定的恒温电烙铁。

图1-15　恒温电烙铁

4. 吸锡电烙铁

吸锡电烙铁是一种将活塞式吸锡器与电烙铁融为一体的拆焊工具。图1-16所示为吸锡电烙铁。

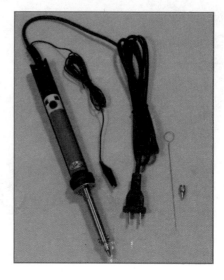

吸锡电烙铁具有使用方便、灵活、适用范围宽等优点；不足之处在于其每次只能对一个焊点进行拆焊。

图1-16 吸锡电烙铁

1.3.2 电烙铁的正确操作姿势

1. 电烙铁的辅助材料

电烙铁使用时的辅助材料和工具主要包括焊锡、助焊剂等，如图1-17所示。

焊锡：熔点较低的焊料，主要用锡基合金做成。

助焊剂：松香是最常用的助焊剂，助焊剂的使用，可以帮助清除金属表面的氧化物，这样既利于焊接，又可保护烙铁头。

图1-17 电烙铁的辅助材料

2．焊接操作正确姿势

手工锡焊接技术是一项基本功，是在大规模生产的情况下，维护和维修也必须使用手工焊接。因此，必须通过学习和实践操作练习才能熟练掌握。图1-18所示为电烙铁的几种握法。

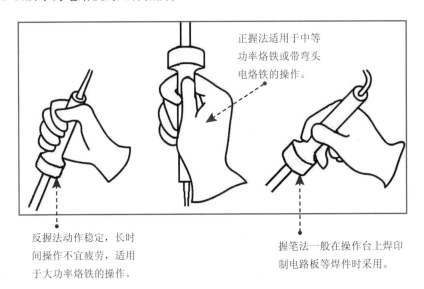

正握法适用于中等功率烙铁或带弯头电烙铁的操作。

反握法动作稳定，长时间操作不宜疲劳，适用于大功率烙铁的操作。

握笔法一般在操作台上焊印制电路板等焊件时采用。

在焊接时，焊锡丝一般有两种拿法，由于焊锡丝中含有一定比例的铅，而铅是对人体有害的一种重金属，因此操作时应该戴手套或在操作后洗手，避免食入铅尘。

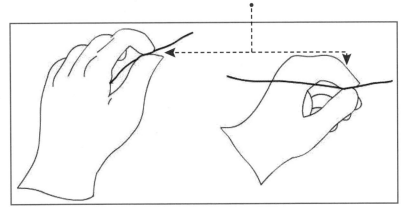

图1-18　电烙铁和焊锡丝的握法

另外，为减少焊剂加热时挥发出的化学物质对人体的危害，减少有害气体的吸入量，一般情况下，电烙铁距离鼻子的距离应该不少于20 cm，通常以30 cm为宜。

1.3.3 焊接操作的基本方法

焊接电路板时，一般需要进行焊前处理、焊接、检查焊接质量等步骤，下面进行详细讲解。

1. 焊前处理

焊前处理主要包括焊盘处理和清洁电子元件引脚两方面工作，如图1-19所示。

处理焊盘时，将印制电路板焊盘铜箔用细砂纸打光后，均匀地在铜箔面涂一层松香乙醇溶液。若是已焊接过的印制电路板，应将各焊孔扎通（可用电烙铁熔化焊点焊锡后，趁热用针将焊孔扎通）。

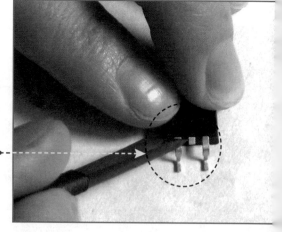

清洁电子元件引脚时，可用小刀或细砂纸轻微刮擦一遍，然后对每个引脚分别镀锡。

图1-19　焊前处理

2. 焊接

焊接操作的基本方法，如图1-20所示（以直插式元器件为例）。

焊接时，首先准备好被焊件、焊锡丝和电烙铁，并清洁电烙铁头。然后预热电烙铁，待电烙铁变热后，用电烙铁给元件引脚和焊盘同时加热。

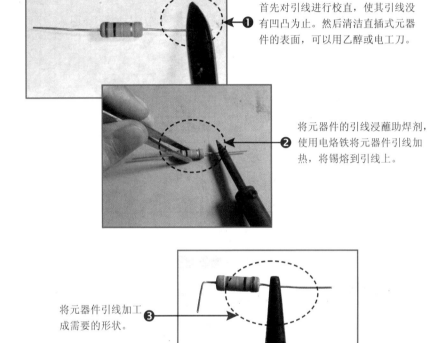

首先对引线进行校直，使其引线没有凹凸为止。然后清洁直插式元器件的表面，可以用乙醇或电工刀。

将元器件的引线浸蘸助焊剂，使用电烙铁将元器件引线加热，将锡熔到引线上。

将元器件引线加工成需要的形状。

将元器件插入电路板中。插入时元器件安装高度应符合规定要求，同一规格的元器件应尽量安装在同一高度上。

图1-20　焊接操作的基本方法

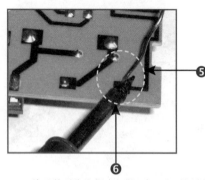

给加热的电烙铁上锡，并用左手
拿焊锡丝，右手握电烙铁，给元
件引脚和焊盘同时加热。加热时，
烙铁头要同时接触焊盘和引脚。
注意，一定要接触到焊盘。

⑤

⑥

给元件引脚和焊盘加热1~2 s后，这时仍
保持电烙铁头与它们的接触。同时向焊
盘上送焊锡丝，随着焊锡丝的熔化，焊
盘上的锡将会注满整个焊盘并堆积起来，
形成焊点。

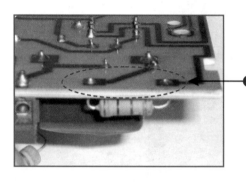

在焊盘上形成焊点后，先将焊
锡丝移开，电烙铁在焊盘上再
停留片刻，然后迅速移开，使
焊锡在熔化状态下恢复自然形
状。电烙铁移开后要保持元器
件不动，电路板不动。

⑦

图1-20 焊接操作的基本方法（续）

> **注意**
> 加热时，烙铁头切不可用力压焊盘或在焊盘上转动。由于焊盘是由很薄的铜箔
> 贴敷在纤维板上的，高温时，机械强度很差，稍一用力焊盘就会脱落，会造成无法
> 挽回的损失。

3. 检查焊接质量

焊接时，要保证每个焊点焊接牢固、接触良好，要保证焊接质量。好的焊
点应是光亮、圆滑、无毛刺、锡量适中，如图1-21所示。

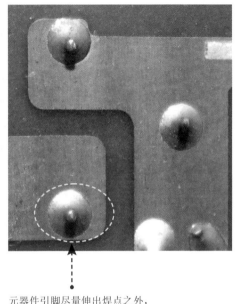

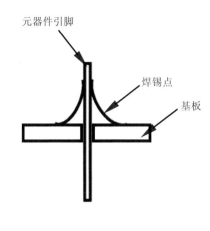

元器件引脚

焊锡点

基板

元器件引脚尽量伸出焊点之外，
锡和被焊物熔合牢固。不应有
"虚焊"和"假焊"。

图1-21　焊接质量良好的焊点

> **注意**
> 　　相邻两个焊点不可因焊锡过多而互相连在一起，或焊点与相邻导电铜箔相接触。

1.4 吸锡器使用方法

1.4.1　认识吸锡器

　　吸锡器是拆除电子元件时，用来吸收引脚焊锡的一种工具，有手动吸锡器和电动吸锡器两种，如图1-22所示。

图1-22　常见的吸锡器

吸锡器是维修拆卸零件所必需的工具，尤其对于集成电路，如果拆除时不使用吸锡器很容易将印制电路板损坏。吸锡器分为自带热源吸锡器和不带热源吸锡器两种。

1.4.2　吸锡器操作的基本方法

吸锡器的使用方法如图1-23所示。

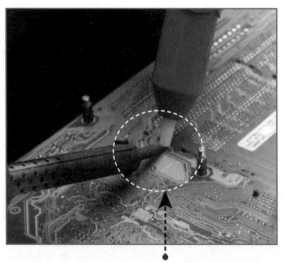

首先按下吸锡器后部的活塞杆，然后用电烙铁加热焊点并熔化焊锡。（如果吸锡器带有加热元件，可以直接用吸锡器加热吸取。）当焊点熔化后，用吸锡器嘴对准焊点，按下吸锡器上的吸锡按钮，锡就会被吸锡器吸走。）如果未吸干净可对其重复操作。

图1-23　使用吸锡器的方法

1.5 热风焊台使用方法

1.5.1 认识热风焊台

热风焊台是一种常用于电子焊接的手动工具，主要由气泵、线性电路板、气流稳定器、外壳、手柄组件和风枪组成。通过给焊料（通常是指锡丝）供热，使其熔化，从而达到焊接或分开电子元器件的目的。热风焊台外形如图1-24所示。

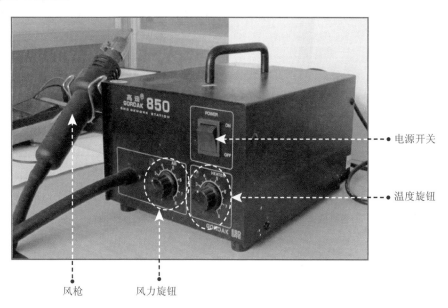

电源开关

温度旋钮

风枪   风力旋钮

图1-24 热风焊台

1.5.2 热风焊台焊接实操

进行焊接操作时，热风焊台的前端网孔通电时不得接触金属导体，否则会导致发热体损坏甚至使人体触电，发生危险。另外，在使用结束后要注意冷却机身，关电后不要迅速拔掉电源，应等待发热管吹出的短暂冷风结束，以免影响焊台的使用寿命。

1. 使用热风焊台焊接贴片小元器件实操

使用热风焊台焊接贴片小元器件的方法如图1-25所示。

首先将热风焊台的温度开关调至3级，风速调至2级，然后打开热风焊台的电源开关。❶

用镊子夹着贴片元器件，将电阻器的两端引脚蘸少许焊锡膏。将电阻器放在焊接位置，将风枪垂直对着贴片电阻器加热。❷

将风枪嘴在元器件上方2~3 cm处对准元器件，加热3 s后，待焊锡熔化停止加热。最后用电烙铁给元器件的两个引脚补焊，加足焊锡。❸

图1-25 使用热风焊台焊接贴片小元器件的方法

提示

　　贴片电阻器的焊接一般不用电烙铁。用电烙铁焊接时，由于两个焊点的焊锡不能同时熔化可能焊斜。另外，焊第二个焊点时，由于第一个焊点已经焊好，如果下压第二个焊点会损坏电阻器或第一个焊点。

提示

　　拆焊这类电容器时，要用两个电烙铁同时加热两个焊点使焊锡熔化，在焊点熔化状态下用烙铁尖向侧面拨动使焊点脱离，然后用镊子取下。

2. 热风焊台焊接四面引脚集成电路实操

四面引脚贴片集成电路的焊接方法如图1-26所示。

首先将热风焊台的温度开关调至5级，风速调至4级，然后打开热风焊台的电源开关。

将贴片集成电路的引脚蘸少许焊锡膏。用镊子将元器件放在电路板中的焊接位置，并紧紧按住，然后用电烙铁将集成电路4个面各焊一个引脚。

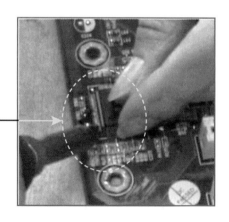

图1-26　四面引脚贴片集成电路的焊接方法

将风枪垂直对着贴片集成电路旋转加热，待焊锡熔化后，停止加热，并关闭热风焊台。❸

焊接完毕后，检查一下有无焊接短路的引脚。如果有，用电烙铁修复，同时为贴片集成电路加补焊锡。❹

图1-26 四面引脚贴片集成电路的焊接方法（续）

第2章

电阻器常见故障检测与维修实操

在电路中，电阻器的主要作用是稳定和调节电路中的电流和电压，即控制某一部分电路的电压和电流比例的作用。电阻器是电路元件中应用最广泛的一种，在电子设备中约占元件总数的30%。图2-1所示为电路中常见的电阻器。

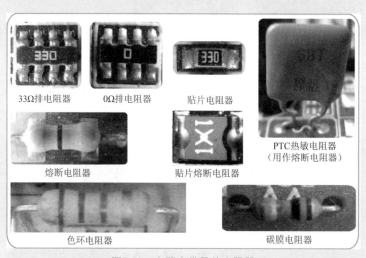

33Ω排电阻器　　　0Ω排电阻器　　　贴片电阻器

熔断电阻器　　　贴片熔断电阻器　　PTC热敏电阻器（用作熔断电阻器）

色环电阻器　　　碳膜电阻器

图2-1　电路中常见的电阻器

2.1 从电路板和电路图中识别电阻器

2.1.1 从电路板中识别电阻器

电阻器是电路中最基本的元器件之一，在电路中被广泛使用。图2-2所示为电路中的电阻器。

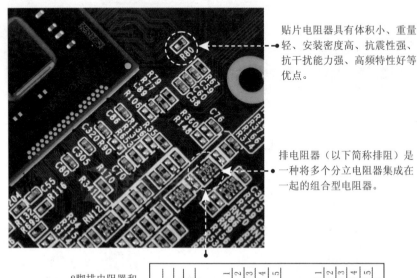

贴片电阻器具有体积小、重量轻、安装密度高、抗震性强、抗干扰能力强、高频特性好等优点。

排电阻器（以下简称排阻）是一种将多个分立电阻器集成在一起的组合型电阻器。

8脚排电阻器和10脚排电阻器内部结构。

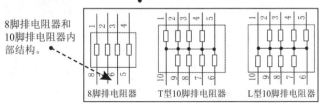

熔断电阻器的特性是阻值小，只有几欧姆，超过额定电流时就会烧坏，在电路中起到保护作用。

图2-2 电路中的电阻器

碳膜电阻器电压稳定性好，造价低，从外观看，碳膜电阻器有四个色环，为蓝色。

金属膜电阻器体积小、噪声低，稳定性良好。从外观看，金属膜电阻器有五个色环，为土黄色或是其他的颜色。

压敏电阻器主要用在电气设备交流输入端，用做过电压保护。当输入电压过高时，它的阻值将减小，使串联在输入电路中的熔断管熔断，切断输入，从而保护电气设备。

图2-2　电路中的电阻器（续）

2.1.2　从电路图中识别电阻器

维修电路时，通常需要参考电器设备的电路原理图来查找问题，下面将结合电路图来识别电路图中的电阻器。电阻器一般用"R"、"RN"、"RF"、"FS"等文字符号来表示。表2-1所示为常见电阻的电路图形符号，图2-3所示为电路图中的电阻器。

表2-1　常见电阻电路符号

一般电阻	可变电阻	光敏电阻	压敏电阻	热敏电阻
─[▭]─	─[▱⁄]─	─[▱]↘↘─	U ─[▱⁄]─	θ ─[▱⁄]─

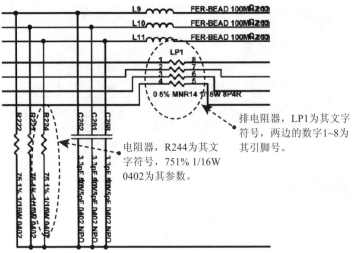

排电阻器，LP1为其文字
符号，两边的数字1~8为
其引脚号。

电阻器，R244为其文
字符号，751% 1/16W
0402为其参数。

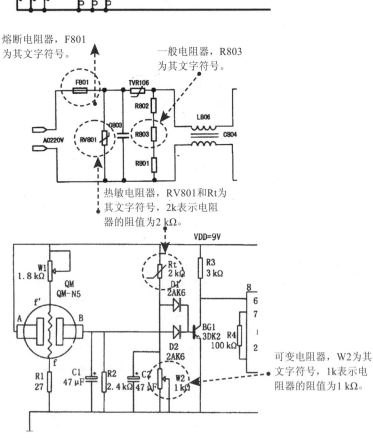

熔断电阻器，F801
为其文字符号。

一般电阻器，R803
为其文字符号。

热敏电阻器，RV801和Rt为
其文字符号，2k表示电阻
器的阻值为2 kΩ。

可变电阻器，W2为其
文字符号，1k表示电
阻器的阻值为1 kΩ。

图2-3 电路图中的电阻器

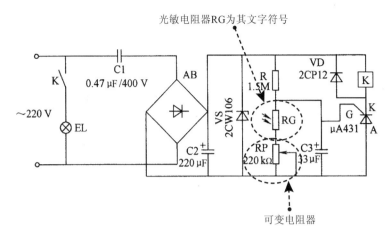

图2-3 电路图中的电阻器（续）

2.2 如何读懂电阻器上的标注

电阻器的阻值标法通常有色环法、数标法。色环法在一般的电阻上比较常见。由于计算机、手机等电子设备中的电阻器一般比较小，而且多数采用贴片式电阻器，所以一般也采用数标法。

2.2.1 读懂数标法标注的电阻器

数标法即数码标示法，主要用于贴片等小体积的电路。数标法主要用三位数表示阻值，前两位表示有效数字，第三位数字是倍率。

例如，电阻上标注"ABC"，其阻值为$AB \times 10^C$，其中，"C"如果为9，则表示-1。

· 标注为"653"，表示阻值为$65 \times 10^3 \ \Omega = 65 \ k\Omega$；

· 标注为"279"，表示阻值为$27 \times 10^{-1} \ \Omega = 2.7 \ \Omega$；

· 标注"000"，阻值为0，这种电阻通常用作熔断电阻器。

另外，可调电阻器在标注阻值时，也常用二位数字表示。第一位表示有效数字，第二位表示倍率。

例如，"24"表示$2 \times 10^4 = 20 \ k\Omega$。还有标注时用R表示小数点，如R22=0.22 Ω，2R2=2.2 Ω，如图2-4所示。

排电阻器上的"0"表示
排电阻器的阻值为0。

电阻器上的"472"表示电阻
器的阻值为47×10²=4700 Ω

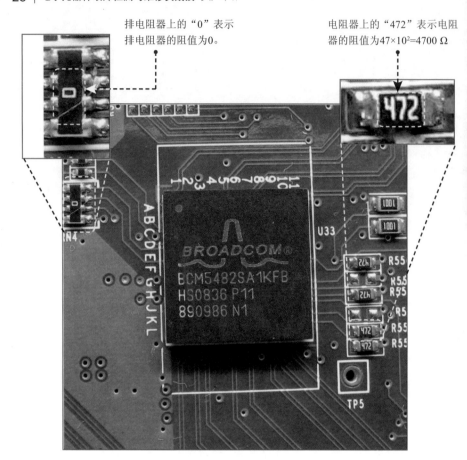

图2-4 电阻器的标注读识

2.2.2 读懂色标法标注的电阻器

色标法是指用色环标注阻值的方法，色环标注法使用最多，普通的色环电阻器用四环表示，精密电阻器用五环表示，紧靠电阻体一端头的色环为第一环，裸露电阻体本色较多的另一端头为末环。

如果色环电阻器用四环表示，前面两位数字是有效数字，第三位是10的倍幂，第四环是色环电阻器的误差范围，如图2-5所示。

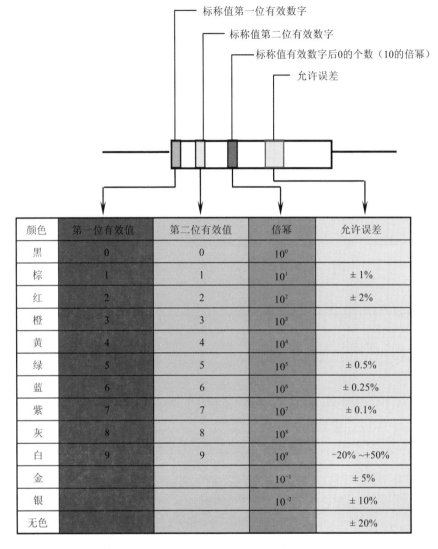

图2-5 四环电阻器阻值说明

　　如果色环电阻器用五环表示，前面三位数字是有效数字，第四位是10的倍幂，第五环是色环电阻器的误差范围，如图2-6所示。

　　根据电阻器色环的读识方法，可以很轻松地计算出电阻器的阻值，如图2-7所示。

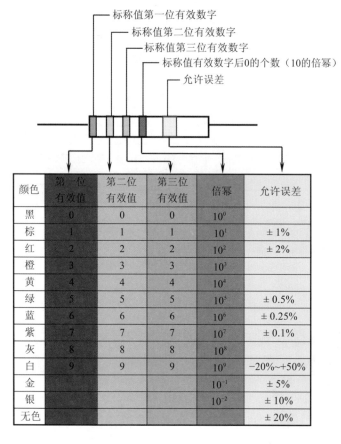

标称值第一位有效数字
标称值第二位有效数字
标称值第三位有效数字
标称值有效数字后0的个数（10的倍幂）
允许误差

颜色	第一位有效值	第二位有效值	第三位有效值	倍幂	允许误差
黑	0	0	0	10^0	
棕	1	1	1	10^1	±1%
红	2	2	2	10^2	±2%
橙	3	3	3	10^3	
黄	4	4	4	10^4	
绿	5	5	5	10^5	±0.5%
蓝	6	6	6	10^6	±0.25%
紫	7	7	7	10^7	±0.1%
灰	8	8	8	10^8	
白	9	9	9	10^9	−20%~+50%
金				10^{-1}	±5%
银				10^{-2}	±10%
无色					±20%

图2-6　五环电阻器阻值说明

此电阻器的色环为：棕、绿、黑、白、棕五环，对照色码表，其阻值为$150×10^9 Ω$，误差为±1%。

此电阻器的色环为：棕、绿、绿、金四环，对照色码表，其阻值为$15×10^5 Ω$，误差为±5%。

图2-7　读识电阻器的阻值

2.2.3 如何识别首位色环

经过上述阅读会发现一个问题，如何知道哪个是首位色环呢？不知道哪个是首位色环，又怎么去核查？下面将介绍首字母辨认的方法，并通过表格列示出基本色码对照表。

首色环判断方法大致有如下几种，如图2-8所示。

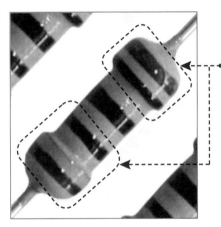

（1）首色环与第二色环之间的距离比末位色环与倒数第二色环之间的间隔要小。

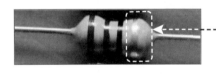

（2）金、银色环常用作表示电阻器误差范围的颜色，即金、银色环一般放在末位，则与之对立的即为首位。

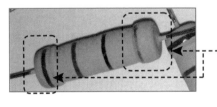

（3）与末位色环位置相比，首位色环更靠近引线端，因此可以利用色环与引线端的距离来判断哪个是首色环。

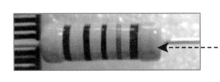

（4）如果电阻上没有金、银色环，并且无法判断哪个色环更靠近引线端，可以用万用表检测一下，根据测量值即可判断首位有效数字及位乘数，对应的顺序就全都知道了。

图2-8 判断首位色环

2.3　电阻器常见故障诊断

2.3.1　如何判定电阻断路

　　断路又称开路（但也有区别，开路是电键没有接通；断路是不知道哪个地方没有接通）。断路是指因为电路中某一处因断开而使电流无法正常通过，导致电路中的电流为0。中断点两端电压为电源电压，一般对电路无损害。图2-9所示为通过测量电阻器两端的电压来判断电阻器是否断路。

　　断路后电阻器两端阻值呈无穷大，可以通过对阻值的检测判断电阻器是否断路。断路后电阻器两端不会有电流流过，电阻器两端不再有电压，因此也可以用指针万用表检测电阻器两端是否有电压来判断电阻器已经断路。

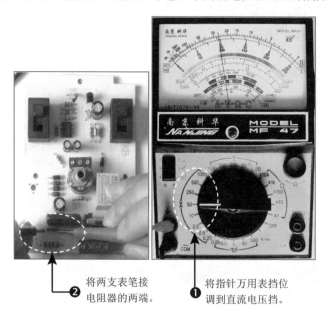

将两支表笔接电阻器的两端。❷

将指针万用表挡位调到直流电压挡。❶

图2-9　电阻器两端电压的检测

　　由图2-9所示测得电阻器两端有电压，说明该电阻器未发生断路。

2.3.2　如何处理阻值改变故障

　　电阻器阻值改变故障的处理方法，如图2-10所示。

此类故障比较常见，由于温度、电压、电路的变化超过限值，使电阻阻值变大或变小，用万用表检查时可发现实际阻值与标称阻值相差很大，而出现电路工作不稳定的故障。阻值变化的这类故障处理方法，一般都采用更换新的电阻器，这样可以彻底消除故障。

图2-10　阻值变化的电阻

2.4　电阻器检测与代换方法

2.4.1　固定电阻器的检测方法

电阻器的检测相对其他元器件的检测来说要简便，将指针万用表调至欧姆挡，两表笔分别与电阻器的两引脚相接，即可测出实际电阻值，如图2-11所示。

精彩视频　即扫即看

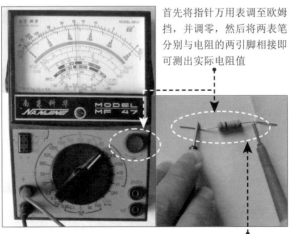

首先将指针万用表调至欧姆挡，并调零，然后将两表笔分别与电阻的两引脚相接即可测出实际电阻值

测量电阻器时没有极性限制，表笔可以接在电阻器的任意一端。为了使测量的结果更加精准，应根据被测电阻标称阻值来选择万用表量程。

图2-11　测量电阻器

如果检测结果不能确定测量的准确性，可以将其从电路中焊下来，开路检测其阻值。

根据电阻误差等级不同，算出误差范围，若实测值已超出标称值，说明该电阻器已经不能继续使用；若仍在误差范围内，则电阻器仍可继续可用。

2.4.2 熔断电阻器的检测方法

可以通过观察外观和测量阻值来判断熔断电阻器故障，如图2-12所示。

在电路中，多数熔断电阻器的断路可根据观察做出判断。例如，若发现熔断电阻器表面烧焦或发黑（也可能会伴有焦味），可断定熔断电阻器已被烧毁。

将指针万用表的挡位调到"R×1"挡，并调零。将两表笔分别与熔断电阻器的两引脚相接测量阻值。

对于熔断电阻器的检测，可借助指针万用表欧姆挡的"R×1"挡来测量。若测得的阻值为无穷大，则说明此熔断电阻器已经断路。若测得的阻值与0接近，说明该熔断电阻器基本正常。如果测得的阻值较大，则需要断路进行进一步测量。

图2-12 熔断电阻器的检测方法

2.4.3 贴片式普通电阻器的检测方法

贴片式普通电阻器的检测方法如图2-13所示。

精彩视频 即扫即看

待测的普通贴片电阻器，电阻器
标注为101，即标称阻值为100 Ω，
因此选用数字万用表的"R×1"
挡或数字万用表的200挡进行检测。 **❶**

将数字万用表的红黑表笔分别接在待测的电阻器两端进行测量。通过
数字万用表测出阻值，观察阻值是否与标称阻值一致。如果实际阻值
与标称阻值相差甚远，说明该电阻已经出现问题。

❷

图2-13 贴片电阻器标称阻值的测量方法

2.4.4 贴片式排电阻器的检测方法

如果是8引脚的排电阻器，则内部包含4个电阻器。如果是10引脚的排电阻器，可能内部包含10个电阻器，所以在检测贴片式电阻器时需注意其内部结构。贴片式排电阻器的检测方法如图2-14所示。

精彩视频　即扫即看

❶ 将数字万用表的挡位调到20k挡。

在检测贴片式排电阻器时需注意其内部结构，图中电阻器的标注为103，即阻值为$10×10^3\ \Omega$。

❷ 检测时应把红黑表笔加在电阻器对称的两端，并分别测量4组对称的引脚。检测到的4组数据均应与标称阻值接近，若有一组检测到的结果与标称阻值相差甚远，则说明该排电阻器已损坏。

图2-14　贴片式排电阻的检测方法

2.4.5 压敏电阻器的检测方法

压敏电阻器的检测方法如图2-15所示。

选用万用表的"R×1k"
或"R×10k"挡，将两
表笔分别加在压敏电阻
器两端，测出压敏电阻
器的阻值，交换两表笔
再测量一次。若两次测
得的阻值均为无穷大，
说明被测压敏电阻器质
量合格，否则证明其漏
电严重而不可使用。

图2-15 压敏电阻器的检测方法

2.5 电阻器的选配与代换方法

2.5.1 固定电阻器的代换方法

固定电阻器的代换方法如图2-16所示。

（1）普通固定电阻器损坏后，
可以用额定阻值、额定功率均
相同的金属膜电阻器或碳膜电
阻器代换。

图2-16 固定电阻器的代换方法

（2）碳膜电阻器损坏后，可以用额定阻值及额定功率相同的金属膜电阻器代换。

（3）若手中没有同规格的电阻器更换，也可以用电阻器串联或并联的方法做应急处理。需要注意的是，代换电阻器必须比原电阻器有更稳定的性质、更高的额定功率，但阻值只能在标称容量允许的误差范围内。

图2-16　固定电阻器的代换方法（续）

2.5.2　压敏电阻器的代换方法

压敏电阻器的代换方法如图2-17所示。

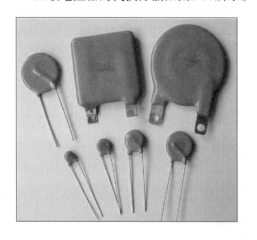

压敏电阻器一般应用于过电压保护电路。选用时，压敏电阻器的标称电压、最大连续工作时间及通流容量在内的所有参数都必须合乎要求。标称电压过高，压敏电阻器将失去保护意义，而标称电压过低则容易被击穿。应更换与其型号相同的压敏电阻器或用与参数相同的其他型号压敏电阻器来代换。

图2-17　压敏电阻器的代换方法

2.5.3　光敏电阻器的代换方法

光敏电阻器的代换方法如图2-18所示。

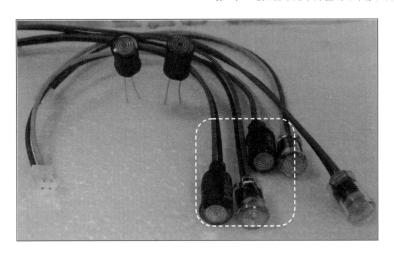

光敏电阻器的选用与代换方法，首先满足应用电路所需的光谱特性，其次要求代换电阻器的主要参数要相近，误差不能超过允许范围。光谱特性不同的光敏电阻器，例如，红外光光敏电阻器、可见光光敏电阻器、紫外光光敏电阻器，即使阻值范围相同，也不能相互代换。

图2-18 光敏电阻器的代换方法

2.6 不同类型电阻器现场检测实操

2.6.1 主板中贴片电阻器现场测量实操

主板中常用的电阻器主要为贴片电阻器、贴片排电阻器和贴片熔断电阻器等，对于这些电阻器，一般可采用在路检测（直接在电路板上检测），也可采用开路检测（元器件不在电路中或者电路断开无电流情况下进行检测）。下面将实测主板中的贴片电阻器。

检测主板中的贴片电阻器时，一般情况下，先采用在路测量，如果在路检测无法判断故障的情况下，再采用开路测量。

测量主板中贴片电阻器的方法如图2-19所示。

观察待测贴片电阻器有无
烧焦、虚焊等情况。如果
有，则电阻器损坏。

❷

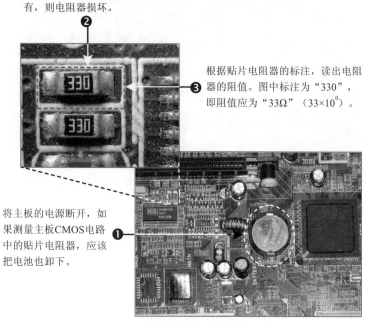

根据贴片电阻器的标注，读出电阻
器的阻值。图中标注为"330"，
即阻值应为"33Ω"（33×10^0）。

❸

将主板的电源断开，如
果测量主板CMOS电路
中的贴片电阻器，应该
把电池也卸下。

❶

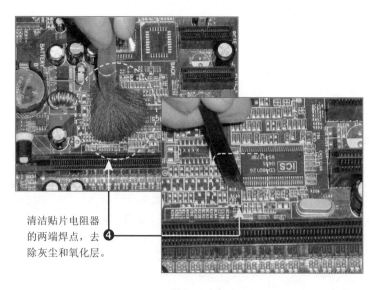

清洁贴片电阻器
的两端焊点，去
除灰尘和氧化层。

❹

图2-19　测量主板中的贴片电阻器

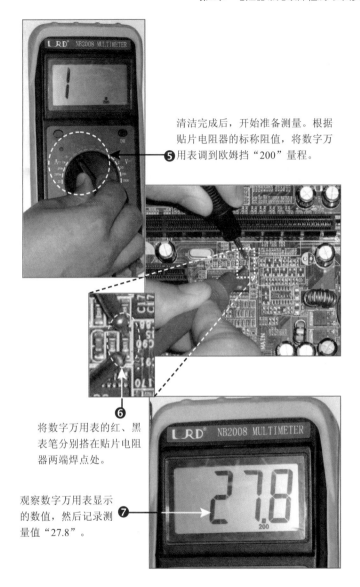

清洁完成后，开始准备测量。根据
贴片电阻器的标称阻值，将数字万
❺ 用表调到欧姆挡"200"量程。

将数字万用表的红、黑
表笔分别搭在贴片电阻
器两端焊点处。

观察数字万用表显示
的数值，然后记录测
量值"27.8"。

图2-19 测量主板中的贴片电阻器（续）

注意

　　万用表所设置的量程要尽量与电阻标称值近似，如使用数字万用表，测量标
称阻值为"100Ω"的电阻器，则最好使用"200"量程；若待测电阻的标称阻值为
"60kΩ"，则需要选择"200k"的量程。总之，所选量程与待测电阻器阻值尽可能
相对应，这样才能保证测量的准确。

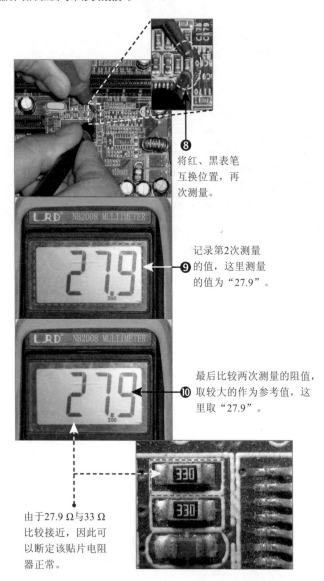

❽ 将红、黑表笔互换位置，再次测量。

❾ 记录第2次测量的值，这里测量的值为"27.9"。

❿ 最后比较两次测量的阻值，取较大的作为参考值，这里取"27.9"。

由于27.9 Ω与33 Ω比较接近，因此可以断定该贴片电阻器正常。

图2-19 测量主板中的贴片电阻器（续）

提示

　　如果测量的参考阻值大于标称阻值，则可以断定该电阻器损坏；如果测量的参考阻值远小于标称阻值（有一定阻值），此时并不能确定该电阻器损坏，还有可能是由于电路中并联有其他小阻值电阻而造成的，这时就需要采用脱开电路板检测的方法进一步检测证实。

2.6.2 液晶显示器中贴片排电阻器现场测量实操

贴片排电阻器的检测方法与贴片电阻器的检测方法相同，也分为在路检测和开路检测两种，实际操作时，一般都先采用在路检测，只有在路检测无法判断其故障时才采用开路检测。

测量液晶显示器电路中的贴片排电阻器的方法如图2-20所示。

精彩视频　即扫即看

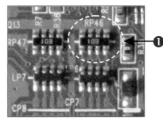

对贴片排电阻器进行观察，如果有明显烧焦、虚焊等情况，基本可以判定存在故障。如果待测贴片排电阻器外观上没有明显问题，根据贴片排电阻器的标称阻值读出贴片电阻器的阻值。本次测量的贴片排电阻器标称为103，即阻值为10 kΩ，也就是说其4个贴片电阻器的阻值都是10 kΩ。

清理待测贴片电阻器各引脚的灰土，如果有锈渍也可以拿细砂纸打磨一下，否则会影响检测结果。清理时不可太过用力，以免将器件损坏。

注意：在路检测贴片排电阻器时，首先将贴片排电阻器所在的供电电源断开，如果测量主板CMOS电路中的贴片排电阻器，还应把CMOS电池卸下。

清洁完毕后就可以开始测量，根据贴片排电阻器的标称阻值调节数字万用表的量程。此次被测贴片排电阻器标称阻值为10 kΩ，根据需要将量程选择在20k。并将黑表笔插入COM孔，红表笔插入VΩ孔。

图2-20 贴片排电阻器的测量方法

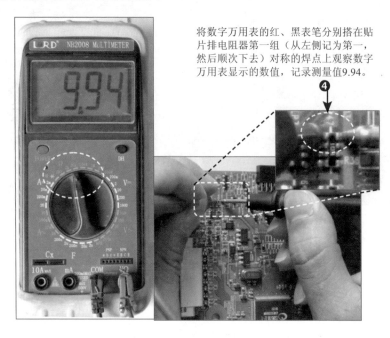

将数字万用表的红、黑表笔分别搭在贴片排电阻器第一组（从左侧记为第一，然后顺次下去）对称的焊点上观察数字万用表显示的数值，记录测量值9.94。

❹

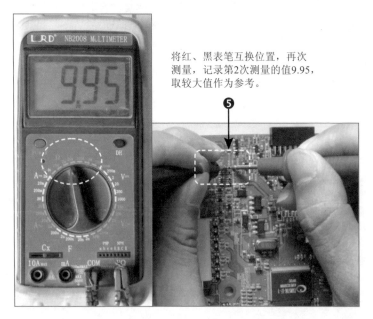

将红、黑表笔互换位置，再次测量，记录第2次测量的值9.95，取较大值作为参考。

❺

图2-20　贴片排电阻器的测量方法（续）

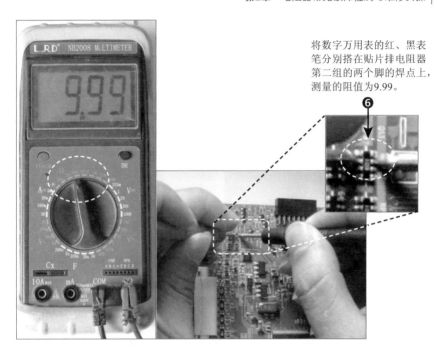

将数字万用表的红、黑表笔分别搭在贴片排电阻器第二组的两个脚的焊点上，测量的阻值为9.99。

❻

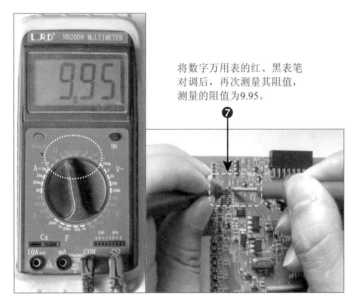

将数字万用表的红、黑表笔对调后，再次测量其阻值，测量的阻值为9.95。

❼

图2-20 贴片排电阻器的测量方法（续）

将数字万用表的红、黑表笔
分别搭在贴片排电阻器第三
组的两个脚的焊点上,测量
的阻值为9.95。❽

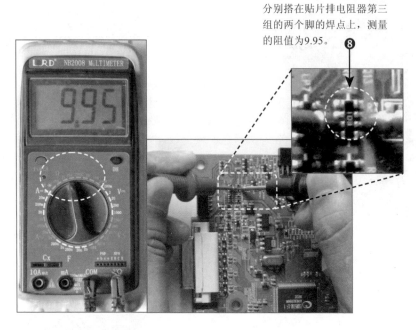

将数字万用表的红、黑表
笔对调后,再次测量其阻
值,测量的阻值为9.95。❾

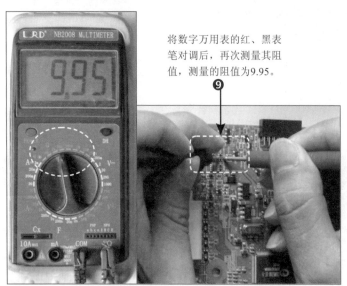

图2-20 贴片排电阻器的测量方法(续)

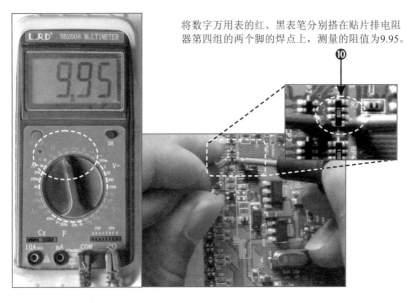

将数字万用表的红、黑表笔分别搭在贴片排电阻器第四组的两个脚的焊点上，测量的阻值为9.95。❿

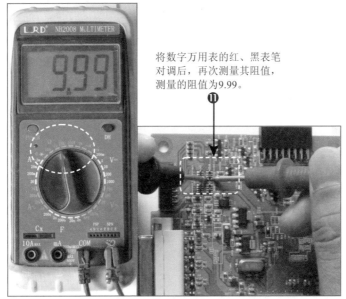

将数字万用表的红、黑表笔对调后，再次测量其阻值，测量的阻值为9.99。⓫

图2-20 贴片排电阻器的测量方法（续）

总结： 这4次测量的阻值分别为9.95 kΩ、9.99 kΩ、9.95 kΩ、9.99 kΩ，与标称阻值10 kΩ相差不大，因此该贴片排电阻器可以正常使用。

2.6.3 打印机电路中柱状电阻器现场测量实操

有些柱状固定电阻器开路或阻值增大后其表面有很明显的变化，比如裂痕、引脚断开或颜色变黑，此时通过直观检查法就可以确认其故障。如果从外观无法判断故障，则需要用万用表进行检测来判断其是否正常。用万用表测量电阻同样分为在路检测和开路检测两种方法。其中，开路检测一般将电阻器从电路板上取下或悬空一个引脚后对其进行测量。下面介绍用开路检测的方法测量柱状固定电阻器，如图2-21所示。

记录电阻器的标称阻值，如果是直标法，直接根据标注就可以知道电阻器的标称阻值；而如果是色环电阻，还需根据色环查出该电阻器的标称阻值，本次开路测量的电阻器采用的不是直标法而是色环标注法。该电阻器的色环顺序为红、黑、黄、金，即该电阻器的标称阻值为200 kΩ，允许偏差在±5%。

用电烙铁将电阻器从电路板上卸下，或者只将其中一只引脚投卸下。

清理待测电阻器引脚的灰土，如果有锈渍可以拿细砂纸进行打磨一下，否则会影响到检测结果。如果问题不大，拿纸巾轻轻擦拭即可。擦拭时不可太过用力，以免将其引脚折断。

图2-21　柱状电阻器开路测量方法

根据电阻器的标称阻值调节数字万用表的量程。因为被测电阻器为200 kΩ，允许误差在±5%，测量结果可能比200 kΩ大，所以应该选择2M的量程进行测量。测量时，将黑表笔插入COM孔中，红表笔插入VΩ孔。❹

打开数字万用表电源开关，将数字万用表的红、黑表笔分别搭在电阻器两端的引脚处不用考虑极性问题。注意，测量时人体一定不要同时接触两引脚，以免因和电阻并联而影响测量结果。测量的数值为0.198 MΩ。❺

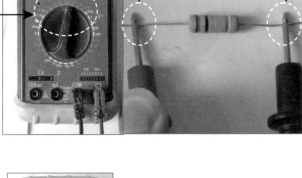

交换红、黑表笔再次测量，测量的数值为0.2 MΩ。❻

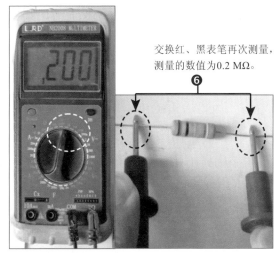

图2-21　柱状电阻器开路测量方法（续）

取较大的数值作为参考，这里取"0.2M"，0.2 MΩ=200 kΩ。该值与标称阻值一致，因此可以断定该电阻器可以正常使用。

2.6.4 电脑电路中熔断电阻器现场测量实操

电路中的熔断电阻器一般有贴片熔断电阻器和直插式熔断电阻器。熔断电阻器的检测一般都采用在路检测，偶尔需要开路测试。下面用实例讲解其测量方法，如图2-22所示。

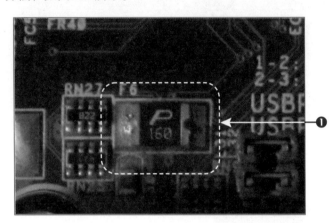

断开供电电源，观察熔断电阻器，看其是否损坏，有无烧焦、虚焊等情况。如果有，则熔断电阻器已经损坏。❶

将熔断电阻器两端焊点及其周围清除干净，去除灰尘和氧化层，准备测量 ❷

图2-22　熔断电阻器的检测方法

观察测量的数值为0.4。

❹

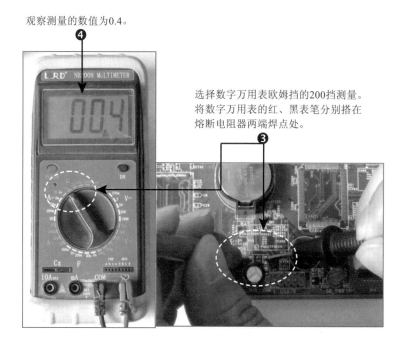

选择数字万用表欧姆挡的200挡测量。
将数字万用表的红、黑表笔分别搭在
熔断电阻器两端焊点处。

❸

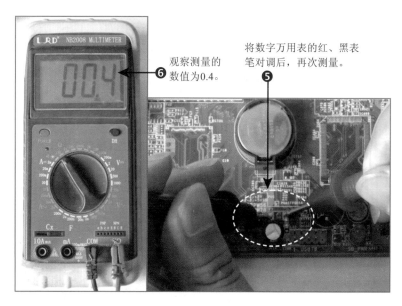

将数字万用表的红、黑表
笔对调后,再次测量。

❺

观察测量的
数值为0.4。

❻

图2-22 熔断电阻器的检测方法(续)

取两次测量结果均为0.4 Ω与标称值0 Ω进行比较。由于0.4 Ω非常接近于

0 Ω，因此该熔断电阻器基本正常。

提示

如果两次测量的结果熔断电阻器的阻值均为无穷大，则熔断电阻器已损坏；如果测量熔断电阻器的阻值较大，则需要采用开路检测进一步检测熔断电阻器的质量。

2.6.5 打印机电路中压敏电阻器现场测量实操

压敏电阻主要用在电气设备交流输入端，用作过压保护。当输入电压过高时，它的阻值将减小，使串联在输入电路中的保险管熔断，切断输入，从而保护电气设备，因此也叫保险电阻。

压敏电阻器损坏后其表面会有很明显的变化，比如颜色变黑等，此时通过直观检查法就可以确认其好坏。如果从外观无法判断好坏，则需要用万用表对其进行检测。其检测过程如图2-23所示。

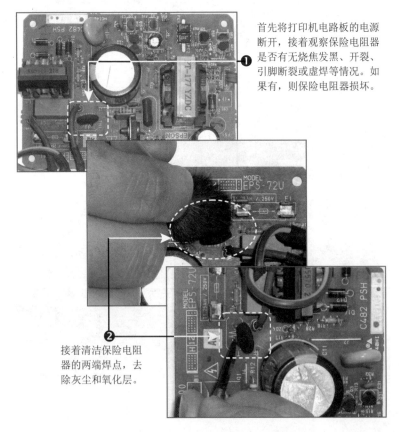

❶ 首先将打印机电路板的电源断开，接着观察保险电阻器是否有无烧焦发黑、开裂、引脚断裂或虚焊等情况。如果有，则保险电阻器损坏。

❷ 接着清洁保险电阻器的两端焊点，去除灰尘和氧化层。

图2-23　测量压敏电阻器

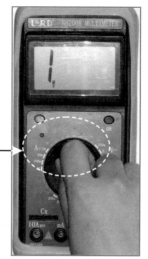

开始准备测量。将数字万用
表调到欧姆挡"200"量程 ❸

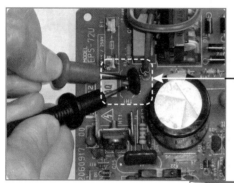

将万用表的红黑表笔
分别搭在电阻器两端
焊点处，观察万用表 ❹
显示的数值并记录测
量值；然后对调表笔
测量并记录数值。

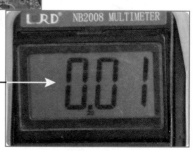

两次测量值均为"0.01"；由
于0.01 Ω接近与0 Ω，因此可 ❺
以判断此保险电阻器正常。

图2-23　测量压敏电阻器（续）

6.6　主板电路中热敏电阻器现场测量实操

　　主板中的热敏电阻主要用在CPU插座附近，用来检测CPU的工作温度，因
此该热敏电阻一般为NTC负温度系数热敏电阻。

检测该热敏电阻时，需要给电阻器加热并观察电阻器的阻值的变化。热敏电阻的测量方法如图2-24所示。

首先将主板的电源断开，然后对热敏电阻器进行观察，看待测热敏电阻器是否有无烧焦、引脚断裂或虚焊等情况。如果有，则热敏电阻器损坏。

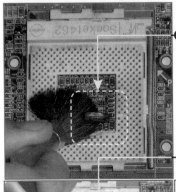

清洁热敏电阻器的两端焊点，去除灰尘和氧化层，同时注意保证热敏电阻处于常温状态。

将数字万用表调到欧姆挡"20K"挡（根据热敏电阻的标称阻值调挡位），然后将万用表的红黑表笔分别搭在热敏电阻器两端焊点处。

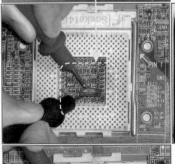

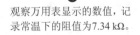

观察万用表显示的数值，记录常温下的阻值为7.34 kΩ。

将加热的电烙铁靠近热敏电阻来给它加温。注意，加热时不要将烙铁紧挨电阻，以免烫坏热敏电阻。

图2-24　测量热敏电阻

加热的同时，观察万用表表盘阻值，发现热敏电阻的阻值在不断的降低 ❻

图2-24 测量热敏电阻（续）

由于常温下测量的热敏电阻的阻值比温度升高后的阻值大，说明该热敏电阻工作正常。

> **提示**
>
> 如果温度升高后所测得的热敏电阻的阻值与正常温度下所测得的阻值相等或相近，则说明该热敏电阻的性能失常；如果待测热敏电阻工作正常，并且在正常温度下测得的阻值与标称值相等或相近，则说明该热敏电阻无故障；如果正常温度下测得的阻值趋近于0或趋近于无穷大，则可以断定该热敏电阻已损坏。

第3章

电容器常见故障检测与维修实操

　　电容器是在电路中引用最广泛的元器件之一，打开一块电路板即可以看到大大小小、各种各样的电解电容器、贴片电容器等。电容器由两个相互靠近的导体极板中间夹一层绝缘介质构成。在电容器两端加上一个电压电容器就可以进行能量的储存，电容器是一种重要的储能元件，同时也是易发故障的元件之一。图3-1所示为电路中常见的电容器。

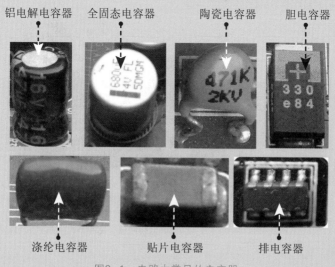

铝电解电容器　　全固态电容器　　　陶瓷电容器　　　胆电容器

涤纶电容器　　　　贴片电容器　　　　排电容器

图3-1　电路中常见的电容器

3.1 从电路板和电路图中识别电容器

3.1.1 从电路板中识别电容器

电容器是电路中最基本的元器件之一，在电路中被广泛使用。图3-2所示为电路中的电容器。

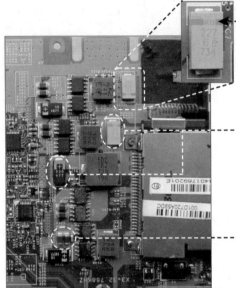

正极符号

有极性贴片电容器也就是平时所称的电解电容器，由于其紧贴电路板，要求温度稳定性要高，所以贴片电容器以钽电容器为多。根据其耐压不同，贴片电容器又可分为A、B、C、D四个系列，A类封装尺寸为3216，耐压为10 V，B类封装尺寸为3528，耐压为16 V，C类封装尺寸为6032，耐压为25 V，D类封装尺寸为7343，耐压为35 V。

贴片电容器也称多层片式陶瓷电容器，在下述两类封装最为常见，即0805、0603等。其中，08 表示长度是0.08 英寸、05 表示宽度是 0.05 英寸。

铝电解电容器是由铝圆筒做负极，里面装有液体电解质，插入一片弯曲的铝带做正极而制成的。铝电解电容器的特点是容量大、漏电大、稳定性差，适用于低频或滤波电路，有极性限制，使用时不可接反。

瓷介电容器又称陶瓷电容器，以陶瓷为介质。瓷介电容器损耗小，稳定性好且耐高温，温度系数范围宽，且价格低、体积小。

图3-2 电路中的电容器

固态电容，全称为固态铝质电解电容，的介电材料为导电性高分子材料，而非电解液。可以持续在高温环境中稳定工作，具有极长的使用寿命，低ESR和高额定纹波电流等特点。

陶瓷电容器是用陶瓷做介质。特点是：体积小、耐热性好、损耗小、绝缘电阻高，但容量小，适用于高频电路。

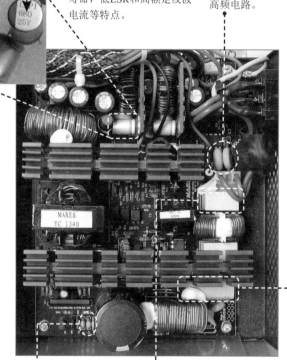

圆轴向电容器由一根金属圆柱和一个与它同轴的金属圆柱壳组合而成。其特点是：损耗小、优异的自愈性、阻燃胶带外包和环氧密封、耐高温、容量范围广等。

独石电容器属于多层片式陶瓷电容器，它是一个多层叠合的结构，有多个简单平行板电容器的并联体。它的温度特性好，频率特性好，容量比较稳定。

安规电容是指用于这样的场合，即电容器失效后，不会导致电击，不危及人身安全。出于安全和EMC考虑，一般在电源入口建议加上安规电容。它们用在电源滤波器里，起到电源滤波作用，分别对共模、差模干扰起滤波作用。

图3-2 电路中的电容器（续）

3.1.2 从电路图中识别电容器

维修电路时，通常需要参考电器设备的电路原理图来查找问题，下面结合电路图来识别电路图中的电容器。电容器一般用"C"、"PC"、"EC"、"TC"、"BC"等文字符号来表示，表3-1和图3-3所示为电容的电路图形符号和电路图中的电容器。

表3-1 常见电容器电路符号

固定电容器	可变电容器	极性电容器	电解电容器	电解电容器

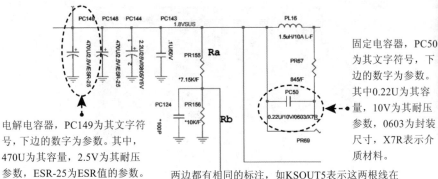

电解电容器，PC149为其文字符号，下边的数字为参数。其中，470U为其容量，2.5V为其耐压参数，ESR-25为ESR值的参数。

固定电容器，PC50为其文字符号，下边的数字为参数。其中0.22U为其容量，10V为其耐压参数，0603为封装尺寸，X7R表示介质材料。

两边都有相同的标注，如KSOUT5表示这两根线在实际电路中是相连的，即排电容器CP2的第2引脚连接到接口KEYBOARD的第27脚。

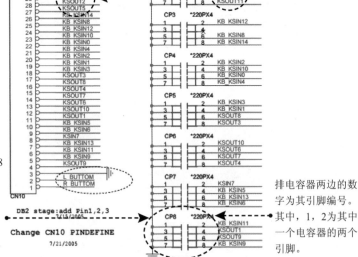

排电容器，CP8为其文字符号，220PX4为其参数，220P表示容量，X4表示内部包含4个电容器。

排电容器两边的数字为其引脚编号。其中，1，2为其中一个电容器的两个引脚。

图3-3 电路图中的电容器

3.2 如何读懂电容器上的标注

电容器的参数标注方法主要有直标法、数字标注法、数字符号标注法和色标法四种。

3.2.1 读懂直标法标注的电容器

直标法的标注方法如图3-4所示。

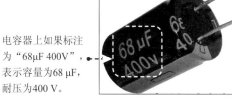

电容器上如果标注为"68μF 400V"，表示容量为68 μF，耐压为400 V。

直标法是用数字或符号将电容器的有关参数（主要是标称容量和耐压）直接标示在电容器的外壳上，这种标注法常见于电解电容器和体积稍大的电容器上。

有极性的电容，通常在负极引脚端会有负极标识"-"，通常负极端颜色和其他地方不同。

图3-4 直标法的标注方法

3.2.2 读懂数字标注的电容器

数字标注电容器的方法如图3-5所示。

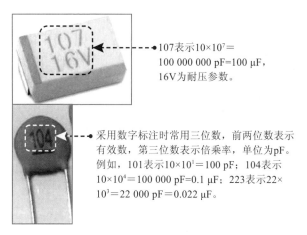

107表示$10×10^7＝$ 100 000 000 pF=100 μF，16V为耐压参数。

采用数字标注时常用三位数，前两位数表示有效数，第三位数表示倍乘率，单位为pF。例如，101表示$10×10^1＝100$ pF；104表示 $10×10^4＝100\ 000$ pF=0.1 μF；223表示$22×10^3＝22\ 000$ pF=0.022 μF。

图3-5 数字标注电容器的方法

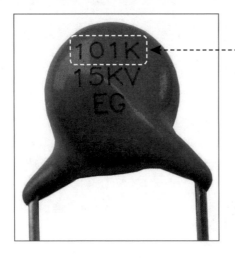

如果数字后面跟字母，则字母表示电容器容量的误差，其误差值含义为：G表示±2%，J表示±5%，K表示±10%；M表示±20%；N表示±30%；P表示+100%，-0%；S表示+50%，-20%；Z表示+80%，-20%。

图3-5　数字标注电容器的方法（续）

3.2.3　读懂数字符号标注的电容器

数字符号法标注电容器的方法如图3-6所示。

例如：18P表示容量是18 pF、SP6表示容量是5.6 pF、2n2表示容量是2.2 nF（2 200 pF）、4m7表示容量是4.7 mF（4 700 μF）。

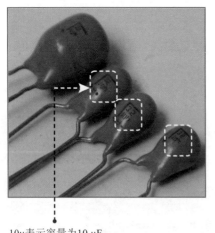

将电容器的容量用数字和单位符号按一定规则进行标称的方法，称为数字符号法。具体方法是：容量的整数部分+容量的单位符号+容量的小数部分。容量的单位符号F（法）、mF（毫法）、μF（微法）、nF（纳法）、pF（皮法）。

10μ表示容量为10 μF

图3-6　数字符号法标注电容器

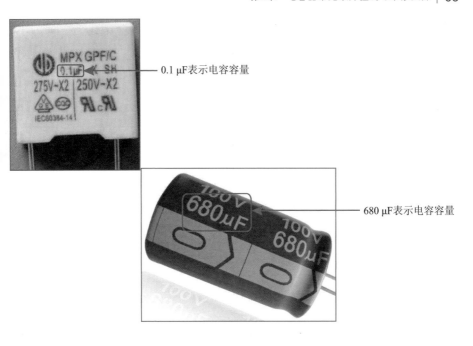

0.1 μF表示电容容量

680 μF表示电容容量

图3-6 数字符号法标注电容器（续）

3.2.4 读懂色标法标注的电容器

采用色标法标注的电容器又称色标电容器，即用色码表示电容器的标称容量。电容器色环识别的方法如图3-7所示。

色环顺序自上而下，沿着引线方向排列；分别是第一、二、三道色圈，第一、第二颜色表示电容的两位有效数字，第三颜色表示倍乘率，电容的单位规定用pF。

图3-7 电容器色环识别的方法

表3-2所示为色环颜色和表示的数字的对照表。

表3-2　色环的含义

色环颜色	黑色	棕色	红色	橙色	黄色	绿色	蓝色	紫色	灰色	白色
表示数字	0	1	2	3	4	5	6	7	8	9

例如，色环的颜色分别为黄色、紫色、橙色，它的容量为$47 \times 10^3 \text{pF} =$ 47 000 pF。

3.3 电容器常见故障诊断

要判断电容器的故障，首先要检查电容器的外表是否有鼓包，破损、漏液，然后再检测其阻值。

3.3.1 通过测量电容器引脚电压诊断电容故障

通过测量电容器引脚电压判断电容故障的方法如图3-8所示。

用万用表的直流电压挡测量电路中的电容器，其两根引脚之间的直流电压一定不相等，如果测量结果相等，说明电容器已经被击穿。

图3-8　测量电容器引脚电压判断电容器故障的方法

3.3.2 用指针万用表欧姆挡诊断电容器故障

用指针万用表欧姆挡检测电容器的方法如图3-9所示。

（1）每次测试前，需将电容器放电，可以用一个电阻器连接到电容器的两端，也可以用镊子同时夹住电容器的两个引脚进行放电。

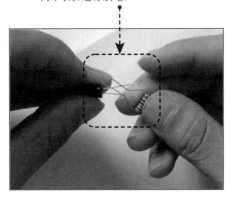

（2）电容故障的检测一般要用到指针万用表的欧姆挡，通常用指针万用表的R×10、R×100、R×1k挡进行测试判断。

图3-9　用指针万用表欧姆挡检测电容器故障的方法

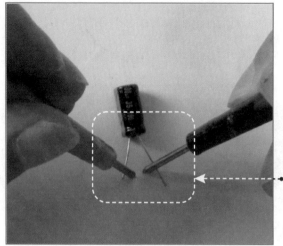

（3）检测时，将指针万用表的红、黑表笔分别接电容器的负极，由表针的偏摆来判断电容器质量。若表针迅速向右摆起，然后慢慢向左退回原位，一般来说，电容器是好的。如果表针摆起后不再回转，说明电容器已经击穿。如果表针摆起后逐渐退回到某一位置停位，则说明电容器已经漏电。

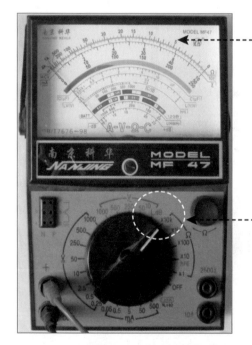

（4）将黑表笔接电容器的负极，红表笔接电容器的正极，表针迅速摆起，然后逐渐退至某处停留不动，则说明电容器是好的，凡是表针在某一位置停留不稳或停留后又逐渐慢慢向右移动的电容器说明已经漏电，不能继续使用。表针一般停留并稳定在50~200 k刻度范围内。

（5）有些漏电的电容器，用上述方法不易准确判断出故障，可采用R×10挡进行判断。

图3-9　用指针万用表欧姆挡检测电容器故障的方法（续）

3.3.3 替换法检测电容器故障

替换法检测电容器故障的方法如图3-10所示。

当怀疑电路中某电容器出现故障时，可以用一只同型号的、质量好的电容器去代替它工作。如果替换后，电路正常运行，故障消失，说明原先的电容器有故障；如果替换后，电路故障依旧，则原先的电容器没有损坏。

图3-10 替换法检测电容器故障的方法

3.4 电容器检测与代换方法

电容器故障检测方法-1
精彩视频 即扫即看

电容器故障检测方法-2
精彩视频 即扫即看

业余条件下，对电容器故障的检查判定，主要是通过观察和万用表来进行。其中，观察判断主要是观察电容器是否有漏液、爆裂或烧毁的情况。如果有，就说明电容器有问题，需要更换同型号的电容器。对于万用表检测电容器故障的方法下面详细讲解。

3.4.1　0.01 μF以下容量固定电容器的检测方法

一般来说，0.01 μF以下固定电容器大多是瓷片电容、薄膜电容等。因电容器容量太小，用万用表进行检测，只能定性地检查其绝缘电阻，即有无漏电、内部短路或击穿现象，不能定量判定质量。

用万用表检测0.01 μF以下固定电容器的方法如图3-11所示。

将指针万用表功能旋钮旋至R×10k挡。

两表笔分别接电容器的两个引脚，观察万用表的指针有无偏转，然后交换表笔再测量一次。

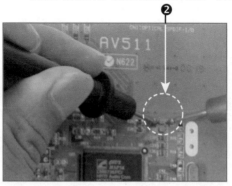

图3-11　用万用表检测0.01 μF以下固定电容器的方法

两次检测中，阻值都应为无穷大。若能测出阻值（指针向右摆动），则说明电容器漏电损坏或内部击穿。

3.4.2 0.01 μF以上容量固定电容器的检测方法

用指针万用表检测0.01 μF以上容量固定电容器的方法如图3-12所示。

对于0.01 μF以上的固定
电容器，可用指针万用
表的R×10k挡测试。 ➊

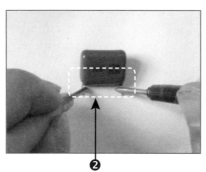

测试时，观察电容器有无充电过程以及有
无内部短路或漏电，并可根据指针向右摆
动的幅度大小估计出电容器的容量。

图3-12 用指针万用表检测0.01μF以上容量固定电容器的方法

测试时，快速交换电容器两个电极，观察表针向右摆动后能否再回到无穷
大位置。若不能回到无穷大位置，说明电容器有问题。

3.4.3 用数字万用表的电阻挡测量电容器的方法

用数字万用表的电阻挡测量电容器的方法如图3-13所示。

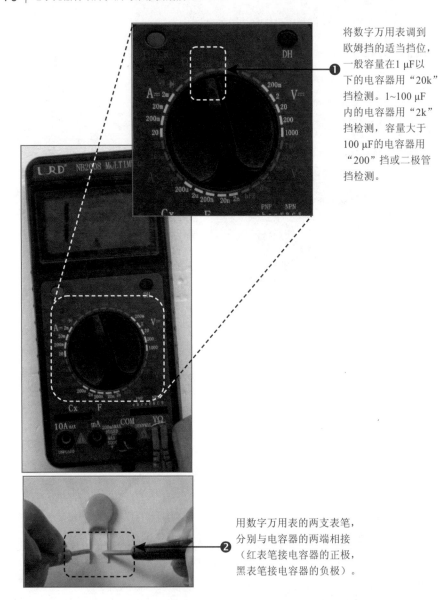

将数字万用表调到欧姆挡的适当挡位，一般容量在1 μF以下的电容器用"20k"挡检测。1~100 μF内的电容器用"2k"挡检测，容量大于100 μF的电容器用"200"挡或二极管挡检测。 ❶

用数字万用表的两支表笔，分别与电容器的两端相接（红表笔接电容器的正极，黑表笔接电容器的负极）。 ❷

图3-13　用数字万用表的电阻挡测量电容器的方法

如果显示值从"000"开始逐渐增加，最后显示溢出符号"1"，表明电容器正常；如果数字万用表始终显示"000"，则说明电容器内部短路；如果始终显示"1"（溢出符号），则可能电容器内部极间断路。

3.4.4　用数字万用表的电容测量插孔测量电容器的方法

用数字万用表的电容测量插孔测量电容器的方法如图3-14所示。

将功能旋钮旋到电容挡，量程大于被测电容器容量。将电容器的两极短接放电。

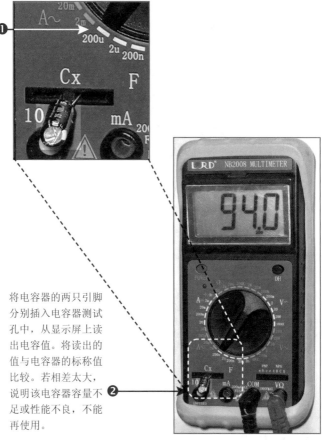

将电容器的两只引脚分别插入电容器测试孔中，从显示屏上读出电容值。将读出的值与电容器的标称值比较。若相差太大，说明该电容器容量不足或性能不良，不能再使用。

图3-14　用数字万用表的电容测量插孔测量电容器的方法

3.4.5　电容器的代换方法

电容器损坏后，原则上应使用与其类型相同、主要参数相同、外形尺寸相近的电容器来更换。但若找不到同类型电容器，也可用其他类型的电容器代换。

1.普通电容器的代换方法

普通电容器的代换方法如图3-15所示。

（1）用普通电容器代换时，原则上应选用同型号、同规格电容器代换。如果选不到相同规格的电容器，可以选用容量基本相同，耐压参数相等或大于原电容器参数的电容器代换。特殊情况下，需要考虑电容器的温度系数。

（2）玻璃釉电容器或云母电容器损坏后，可以用与其主要参数相同的瓷介电容器代换。纸介电容器损坏后，可用与其主要参数相同但性能更优的有机薄膜电容器或低频瓷介电容器代换。

图3-15　普通电容器的代换方法

2.电解电容器的代换方法

电解电容器的代换方法如图3-16所示。

一般的电解电容器通常可以用耐压值较高，容量相同的电容器代换。用于信号耦合、旁路的铝电解电容器损坏后，也可用与其主要参数相同但性能更优的电解电容器代换。

图3-16　电解电容器的代换方法

3.5 不同类型电容器现场检测实操

3.5.1 打印机电路中的薄膜电容器现场测量实操

打印机电路中的薄膜电容器主要应用在打印机的电源供电电路板中，测量薄膜电容器时，可以采用在路法测量电容器的工作电压，同时也可以采用开路法测量电容器的故障。通常在路检测无法准确判断故障的情况下，才采用开路检测。另外，对于电解电容器也可以采用同样的方法来测量。

开路测量薄膜电容器具体方法如图3-17所示。

精彩视频　即扫即看

首先将打印机的电源断开，然后对薄膜电容器进行观察，看待测电容器是否损坏，有无烧焦、虚焊等情况。如果有，则电容器损坏。❶

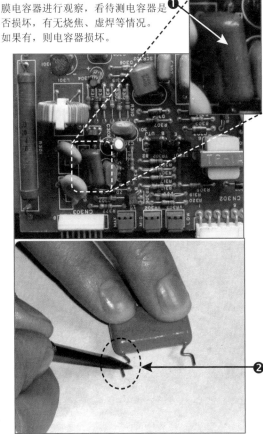

❷ 如果待测电容器外观没有问题后，将待测薄膜电容器从电路板上卸下，并清洁电容器的两端引脚，去除两端引脚下的污物，可确保测量时的准确性。

图3-17　开路测量薄膜电容器的具体方法

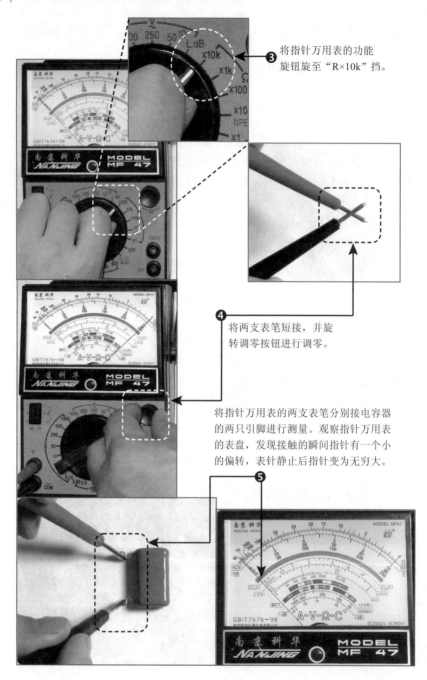

将指针万用表的功能旋钮旋至"R×10k"挡。

将两支表笔短接，并旋转调零按钮进行调零。

将指针万用表的两支表笔分别接电容器的两只引脚进行测量。观察指针万用表的表盘，发现接触的瞬间指针有一个小的偏转，表针静止后指针变为无穷大。

图3-17　开路测量薄膜电容器的具体方法（续）

将指针万用表的两支表笔对调，再次进行测量。观察
指针万用表的表盘，发现接触的瞬间指针依然是有一
个小的偏转，表针静止后指针变为无穷大。

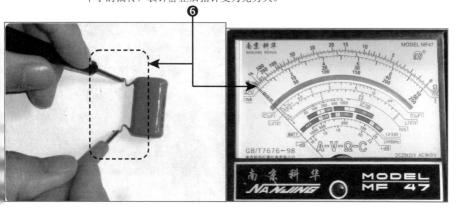

图3-17　开路测量薄膜电容器的具体方法（续）

经观察，两次表针均先朝顺时针方向摆动，然后又慢慢地向左回归到无穷
大，因此该电容器功能基本正常。若测出阻值较小或为0，则说明电容器已漏
电损坏或存在内部击穿；若指针从始至终未发生摆动，则说明电容器两极之间
已发生断路。

3.5.2　主板电路中的贴片电容器现场测量实操

数字万用表一般都有专门用来测量电容的插孔，但贴片电容器并没有一对可
以插进去的合适引脚。因此，只能使用万用表的欧姆挡对其进行粗略的测量。

精彩视频　即扫即看

用数字万用表检测贴片电容器的方法如图3-18所示。

观察贴片电容器有无明显的物理损坏。如果有损坏，则说明电容器已损坏。如果没有，用毛刷将待测贴片电容器的两极擦拭干净，避免残留在两极的污垢影响测量结果。

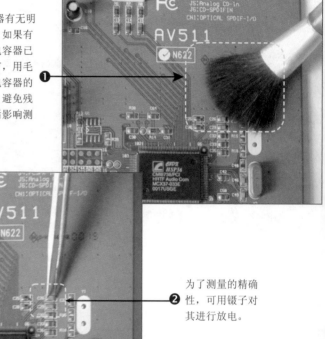

为了测量的精确性，可用镊子对其进行放电。

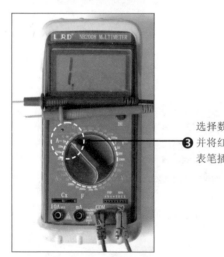

选择数字万用表的二极管挡，并将红表笔插数字VΩ孔，黑表笔插入COM孔。

图3-18　用数字万用表检测贴片电容器的方法

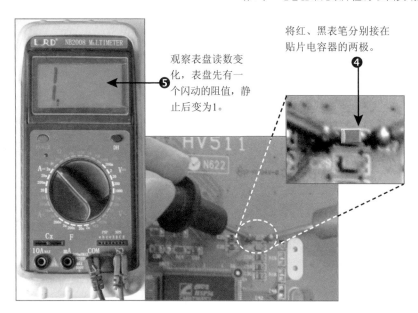

将红、黑表笔分别接在
贴片电容器的两极。 **④**

⑤ 观察表盘读数变
化，表盘先有一
个闪动的阻值，静
止后变为1。

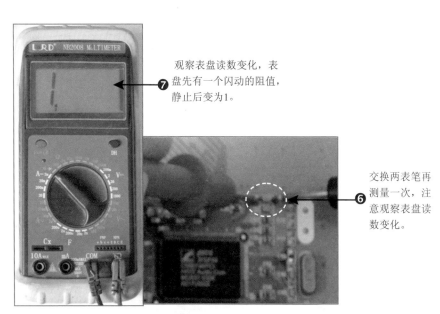

⑦ 观察表盘读数变化，表
盘先有一个闪动的阻值，
静止后变为1。

⑥ 交换两表笔再
测量一次，注
意观察表盘读
数变化。

图3-18 用数字万用表检测贴片电容器的方法（续）

测量分析：两次测量数字万用表均先有一个闪动的数值，然后变为"1."阻值为无穷大，所以该电容器基本正常。如果用上述方法检测，数字万用表始终显示一个固定的阻值，说明电容器存在漏电现象；如果数字万用表始终显示"000"，说明电容器内部发生短路；如果数字万用表始终显示"1."（不存在闪动数值，直接为"1."），说明电容器内部极间已发生断路。

3.5.3 液晶电视机电路中的电解电容器现场测量实操

数字万用表中都带有专门的电容挡，用来测量电容器的容量。下面介绍用数字万用表中的电容挡测量电容器的容量。

具体测量方法如图3-19所示。

精彩视频　即扫即看

❶ 观察主板的电解电容器，看待测电解电容器是否损坏，有无烧焦、针脚断裂或虚焊等情况。

❸ 对电解电容器进行放电。将小阻值电阻器的两个引脚与电解电容器的两个引脚相连进行放电，或用镊子夹住两个引脚进行放电。

❷ 将待测电解电容器卸下。卸下后先清洁电解电容器的引脚。

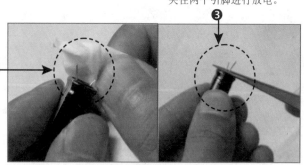

图3-19　液晶电视机电路中的电解电容器现场测量实操

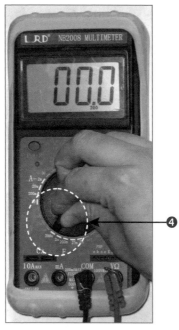

根据电解电容器的标称容量（100 μF），将数字万用表的旋钮调到电容挡的"200u"量程。④

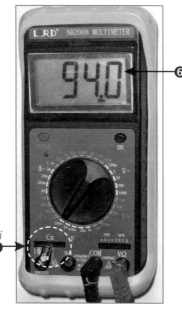

观察万用表的表盘，显示测量的值为"94.0"。⑥

将电解电容器插入数字万用表的电容测量孔中。⑤

图3-19　液晶电视机电路中的电解电容器现场测量实操（续）

由于测量的容量值"94μF"与电容器的标称容量"100μF"比较接近，因此可以判断电容器正常。

> **提示**
>
> 采用万用表电容测量孔测量电容时，如果拆下来的电容引脚太短或是贴片固态电容，可以将电容器的引脚加长后，再用电容测量孔进行测量。

> **提示**
>
> 如果测量的电容器的容量与标称容量相差较大或为0，则电容器损坏。
>
> 如果测量的电容器的标称容量超出了数字万用表的量程，则可以用3.5.1节讲解的测量方法进行测量。

3.5.4　打印机电路中的纸介电容现场测量实操

打印机中的纸介电容器主要应用在打印机的电源供电电路板中，由于纸介电阻的容量相对较小，因此一般用指针万用表来检测。

检测纸介电容器的方法如图3-20所示。

首先将打印机的电源断开，接着对纸介电容器进行观察，看待测电容器是否损坏，有无烧焦、有无虚焊等情况。

清洁电容器的两端引脚，去除两端引脚下的污物，可确保测量时的准确性

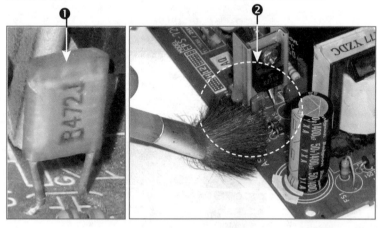

图3-20　检测纸介电容器

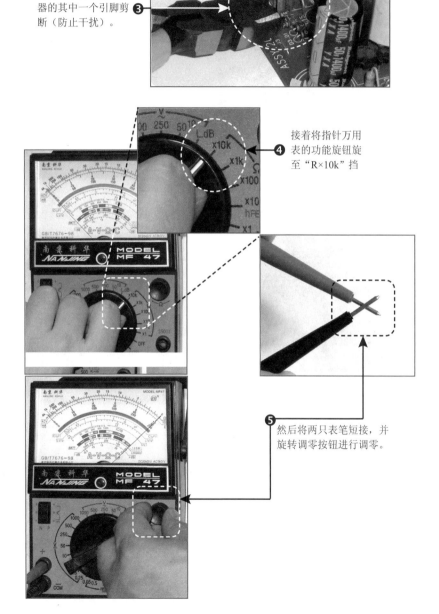

用斜口钳将纸介电容器的其中一个引脚剪断（防止干扰）。❸

接着将指针万用表的功能旋钮旋至"R×10k"挡 ❹

❺ 然后将两只表笔短接，并旋转调零按钮进行调零。

图3-20　检测纸介电容器（续）

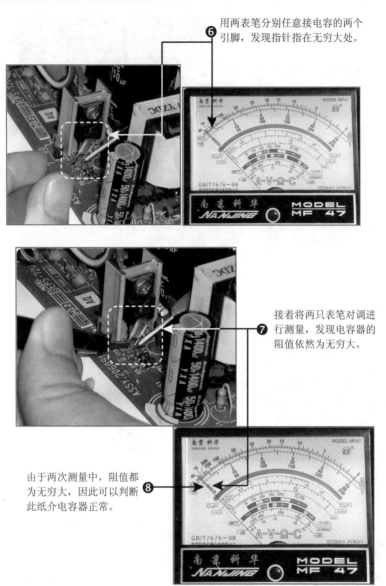

⑥ 用两表笔分别任意接电容的两个引脚，发现指针指在无穷大处。

⑦ 接着将两只表笔对调进行测量，发现电容器的阻值依然为无穷大。

⑧ 由于两次测量中，阻值都为无穷大，因此可以判断此纸介电容器正常。

图3-20　检测纸介电容器（续）

提示

　　如果测量时，万用表的指针向右摆动，并测出阻值（没有回到无穷大处），则说明电容漏电损坏或内部击穿。

第 4 章

电感器常见故障检测与维修实操

　　电感器是一种能够把电能转化为磁能并储存的元器件，它主要的功能是阻止电流的变化。当电流从小到大变化时，电感器阻止电流的增大。当电流从大到小变化时，电感器阻止电流减小；电感器常与电容器配合在一起工作，在电路中主要用于滤波（阻止交流干扰）、振荡（与电容器组成谐振电路）、波形变换等。通常电感器也是电路故障检测的重点元器件之一。图 4-1 所示为电路中常见的电感器。

蜂房式线圈
封闭式电感器　半封闭陶瓷电感器　电感器　磁环电感器　磁棒电感器

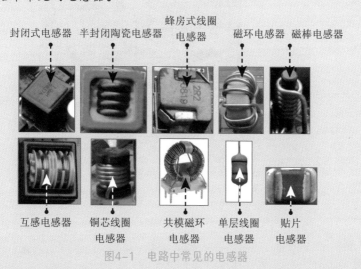

互感电感器　铜芯线圈　共模磁环　单层线圈　贴片
　　　　　　电感器　电感器　电感器　电感器

图4-1　电路中常见的电感器

4.1 从电路板和电路图中识别电感器

4.1.1 从电路板中识别电感器

电感器是电路中最基本的元器件之一，在电路中被广泛使用，特别是电源电路中。图4-2所示为电路中的电感器。

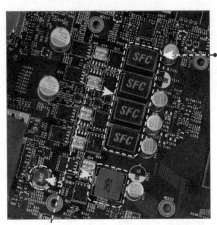

全封闭式超级铁素体（SFC），此电感器可以依据当时的供电负载，来自动调节电力的负载。

磁棒电感器的结构是在线圈中安插一个磁棒制成的，磁棒可以在线圈内移动，用于调整电感器的大小。通常将线圈做好调整后用石蜡固封在磁棒上，以防止磁棒的滑动而影响电感器。

封闭式电感器是一个种将线圈完全密封在一个绝缘盒中制成的。这种电感器减少了外界对其自身的影响，性能更加稳定。

磁环电感器的基本结构是在磁环上绕制线圈制成的。磁环的存在大大提高了线圈电感器的稳定性，磁环的大小以及线圈的缠绕方式都会对电感器造成很大的影响。

图4-2　电路中的电感器

贴片电感器又称为功率
电感器。它具有小型化、
高品质、高能量储存和
低电阻的特性，一般是
由在陶瓷或微晶玻璃基
片上沉淀金属导片而制
成的。

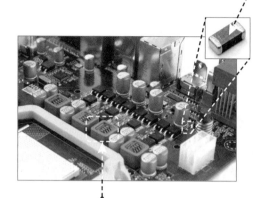

半封闭电感器，防电磁干扰
良好，在高频电流通过时不
会发生异响，散热良好，可
以提供大电流。

全封闭陶瓷电感器，
此电感器以陶瓷封
装，属于早期产品。

超薄贴片式铁氧体电感器，
此电感以锰锌铁氧体、镍
锌铁氧体作为封装材料。
散热性能、电磁屏蔽性能
较好，封装厚度较薄。

图4-2　电路中的电感器（续）

超合金电感器使用的是集中
合金粉末压合而成，具有铁
氧体电感和磁圈的优点，可
以实现无噪声工作，工作温
度较低（35℃）。

全封闭铁素体电感器，
此电感以四氧化三铁
混合物封装，相比陶
瓷电感器而言，具备
更好的散热性能和电
磁屏蔽性。

图4-2　电路中的电感器（续）

4.1.2　从电路图中识别电感器

维修电路时，通常需要参考电器设备的电路原理图来查找问题，下面结
合电路图来识别电路图中的电感器。电感器一般用"L"、"PL"等文字符
号来表示。表4-1所示为常见电感器的电路图形符号。图4-3所示为电路图中
的电感器。

表4-1　常见电感器电路符号

电感器	电感器	共模电感器	磁环电感器	单层线圈电感器

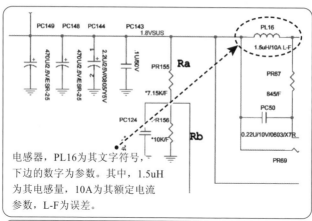

电感器，PL16为其文字符号，下边的数字为参数。其中，1.5uH为其电感量，10A为其额定电流参数，L-F为误差。

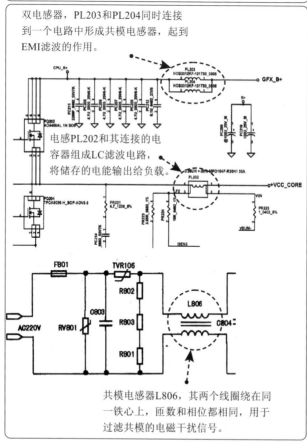

双电感器，PL203和PL204同时连接到一个电路中形成共模电感器，起到EMI滤波的作用。

电感PL202和其连接的电容器组成LC滤波电路，将储存的电能输出给负载。

共模电感器L806，其两个线圈绕在同一铁心上，匝数和相位都相同，用于过滤共模的电磁干扰信号。

图4-3 电路图中的电感器

4.2 如何读懂电感器上的标注

电感器的标注方法主要有数字符号法、数码法、色标法等，下面将详细介绍。

4.2.1 读懂数字符号法标注的电感器

数字符号法标注电感器的方法如图4-4所示。

例如，R47表示电感量为0.47 μH，而4R7则表示电感量为4.7 μH；10N表示电感量为10 nH。

数字符号法是将电感的标称值和偏差值用数字和文字符号法按一定的规律组合标示在电感体上。采用文字符号法表示的电感通常是一些小功率电感，单位通常为nH或pH。用pH做单位时，"R"表示小数点；用"nH"做单位时，"N"表示小数点。

图4-4 数字符号法标注电感器的方法

4.2.2 读懂数码法标注的电感器

数码法标注电感器的方法如图4-5所示。

数码法标注的电感器，前两位数字表示有效数字，第三位数字表示倍乘率，如果有第四位数字，则表示误差值。这类的电感器的电感量的单位一般都是微亨（μH）。例如100，表示电感量为10×100=10 μH。

图4-5 数码法标注电感器的方法

4.2.3　读懂色标法标注的电感器

在电感器的外壳上，用色环表示电感量的方法称为色标法。电感器的色标法同电阻器的色标法。即第一个色环表示第一位有效数字，第二个色环表示第二位有效数字，第三个色环表示倍乘数，第四个色环表示允许误差。如图4-6所示为色环电感，其色标分别为"棕黑红银"，对照色码表可知，其电感量为 $10 \times 10^2 \mu H$，允许误差为 $\pm 10\%$。

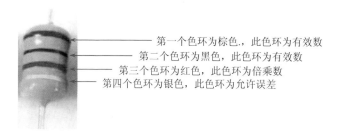

第一个色环为棕色., 此色环为有效数
第二个色环为黑色, 此色环为有效数
第三个色环为红色, 此色环为倍乘数
第四个色环为银色, 此色环为允许误差

图4-6　色环电感

在色环标称法中，色环的基本色码意义可对照表4-2所示。

表4-2　基本色码对照表

颜色	有效数字	倍乘率	阻值误差
黑色	0	10^0	
棕色	1	10^1	$\pm 1\%$
红色	2	10^2	$\pm 2\%$
橙色	3	10^3	—
黄色	4	10^4	—
绿色	5	10^5	$\pm 0.5\%$
蓝色	6	10^6	$\pm 0.25\%$
紫色	7	10^7	$\pm 0.1\%$
灰色	8	10^8	—
白色	9	10^9	—
金色	-1	10^{-1}	$\pm 5\%$
银色	-2	10^{-2}	$\pm 10\%$
无色	—	—	$\pm 20\%$

4.3 电感器常见故障诊断

对于电感器故障的诊断，首先要看电感器的外观是否有破裂、线圈松动、错位、引脚松动等现象。如果外观上没有明显的破损现象，就需要用万用表进行检测。

4.3.1 通过检测电感器线圈的阻值诊断故障

电感器的检测一般要用万用表的欧姆挡。电感器线圈的电阻值与电感器线圈所用漆包线的粗细、圈数多少有关，如图4-7所示。

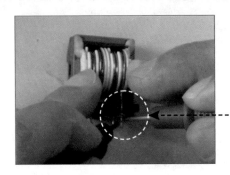

在检测电感器时，首先分辨出电感器的每个引脚与哪个线圈相连，然后进行检测。要检测一次绕组和二次绕组的电阻值。如果有阻值且比较小，一般认为是正常的。如果阻值为0则是短路；如果阻值为∞则是断路。若阻值小于∞但大于0，说明有漏电现象。

图4-7　通过检测阻值诊断电感器的故障

4.3.2 通过检测电感器的电感量诊断故障

检测电感器的标称电感量之前，还首先对电感器的外观进行检查。然后对电感的标注信息进行读取，获得待测电感器的标称电感量，如图4-8所示。

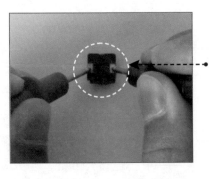

测量时，利用万用表的H挡进行测量待测电感器的电感量，然后将测量值与标称值进行比对。如果相差不大的话就可以说明该电感器没有问题。如果检测到电感量为0的话，有可能是该电感器内部线圈断路。

图4-8　测量电感器的电感量

4.4 电感器检测与代换方法

4.4.1 电感器检测方法

业余条件下，对电感器故障的检查常用电阻法进行检测。一般来说，电感器的线圈匝数不多，直流电阻很低，因此，用万用表电阻挡进行检查很实用。

精彩视频 即扫即看

1. 用指针万用表测量电感器的方法

用指针万用表检测电感器的方法如图4-9所示。

将指针万用表的挡位旋至欧姆挡的"R×10"挡，然后对指针万用表进行调零校正。

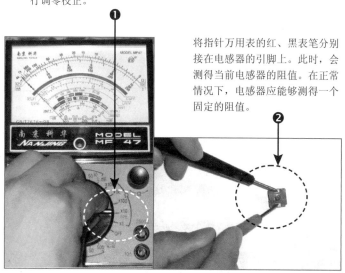

将指针万用表的红、黑表笔分别接在电感器的引脚上。此时，会测得当前电感器的阻值。在正常情况下，电感器应能够测得一个固定的阻值。

图4-9 用指针万用表检测电感器的方法

如果电感器的阻值趋于0 Ω时，则表明电感器内部存在短路的故障；如果被测电感器的阻值趋于无穷大，选择最高阻值量程继续检测，阻值趋于无穷大，则表明被测电感器已损坏。

2. 用数字万用表测量电感器的方法

用数字万用表检测电感器时，将数字万用表调到二极管挡（蜂鸣挡），然后把表笔放在两引脚上，观察万用表的读数。

用数字万用表测量电感器的方法如图4-10所示。

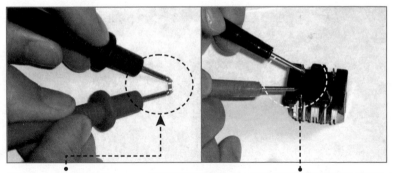

贴片电感器此时的读数应为0,若万用表读数偏大或为无穷大则表示电感已损坏。

电感器线圈匝数较多,线径较细的线圈读数会达到几十到几百。通常情况下,线圈的直流电阻只有几欧姆。如果电感器损坏,多表现为发烫或电感器磁环明显损坏,若电感器线圈不是严重损坏,而又无法确定时,可用电感表测量其电感量或用替换法来判断。

图4-10　用数字万用表测量电感器的方法

4.4.2　电感器的代换方法

电感器损坏后,原则上应使用与其性能类型相同、主要参数相同、外形尺寸相近的电感器来更换。但若找不到同类型电感器,也可用其他类型的电感器代换。

代换电感器时,首先应考虑其性能参数(如电感量、额定电流、品质因数等)及外形尺寸是否符合要求。几种常用的电感器的代换方法如图4-11所示。

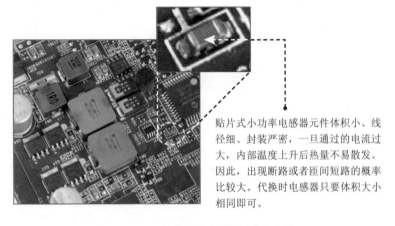

贴片式小功率电感器元件体积小、线径细、封装严密,一旦通过的电流过大,内部温度上升后热量不易散发。因此,出现断路或者匝间短路的概率比较大。代换时电感器只要体积大小相同即可。

图4-11　几种常用的电感器的代换方法

对于体积大、铜线粗的大功率储能电感器，其损坏概率很小，如果要代换这种电感器元件，必须外表上印有的型号相同，对应的体积、匝数、线径都相同才能代换。

图4-11 几种常用的电感器的代换方法（续）

4.5 不同类型电感器现场检测实操

4.5.1 笔记本电脑电路中的封闭式电感器现场检测实操

封闭式电感器是一种将线圈完全密封在一个绝缘盒中制成的。这种电感器减少了外界对其自身的影响，性能更加稳定。封闭式电感器可以使用数字万用表测量，也可以使用指针万用表进行检测，为了测量准确，可对电感器采用开路检测。由于封闭式电感器结构的特殊性，只能对电感器引脚间的阻值进行检测以判断其是否发生断路。

用数字万用表检测电路板中封闭式电感器的方法如图4-12所示。

断开电路板的电源，对封闭式电感器进行观察，看待测电感器是否有烧焦、虚焊等情况；如果有，则电感器可能已发生损坏。

图4-12 用数字万用表检测电路板中封闭式电感器的方法

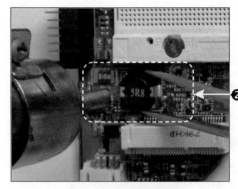

用电烙铁将待测封闭式电感器从电路板上焊下，并清洁封闭式电感器两端的引脚，去除两端引脚上存留的污物，确保测量时的准确性。

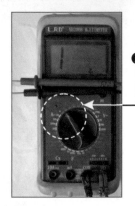

❸ 将数字万用表旋至欧姆挡的"200"挡。

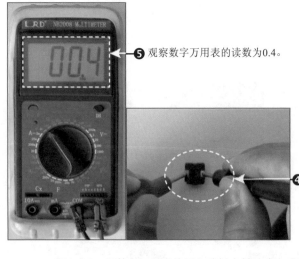

❺ 观察数字万用表的读数为0.4。

❹ 将数字万用表的红、黑表笔分别搭在待测封闭式电感器两端的引脚上，检测两引脚间的阻值。

图4-12　用数字万用表检测电路板中封闭式电感器的方法（续）

由于测得封闭式电感器的阻值非常接近于00.0，因此可以判断该电感器没有断路故障。

4.5.2　主板电路中的贴片电感器现场检测实操

主板中的贴片电感器主要在键盘/鼠标接口电路、USB接口电路、南北桥芯片组附近。主板中的贴片电感器可以使用数字万用表测量，也可以使用指针万用表进行检测，为了测量准确，通常采用开路测量。

用数字万用表测量主板贴片电感器的方法如图4-13所示。

精彩视频　即扫即看

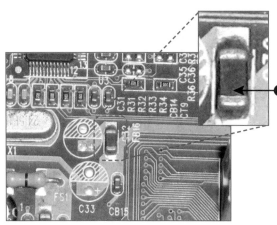

❶ 将主板的电源断开，对电感器进行观察，看待测电感器是否损坏，有无烧坏痕迹。

将待测贴片电感器从电路板上焊下，并清洁电感器的两端，去除两端引脚下的污物，确保测量时的准确性。❷

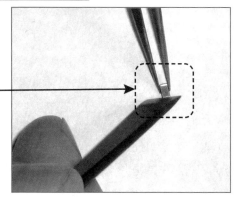

图4-13　用数字万用表测量主板贴片电感器的方法

先将数字万用表的功能旋钮旋至二极管挡。

将数字万用表的红、黑表笔分别搭在待测贴片式电感器两端的引脚上，检测两引脚间的阻值。

观察数字万用表的读数，为0.003。

图4-13 用数字万用表测量主板贴片电感器的方法（续）

由于测量的电感器的读数接近于0，因此判断此电感器正常。如果测量时，数字万用表的读数偏大或为无穷大，则表示电感器损坏。

4.5.3 打印机电路中的电源滤波电感器现场检测实操

打印机电路中的电源滤波电感器主要在打印机的电源供电板中，打印机电路中的电源滤波电感器一般使用指针万用表进行检测，为了测量准确，通常采用开路检测。

用指针万用表测量打印机电路中的电源滤波电感器的方法如图4-14所示。

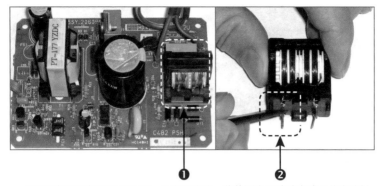

① 将打印机电路板的电源断开，对电源滤波电感器进行观察，看待测电感器是否损坏、有无烧焦、虚焊等情况。如果有，则电感器损坏。

② 将待测电源滤波电感器从电路板上焊下，并清洁电感器的两端引脚，去除两端引脚下的污物，确保测量时的准确性。

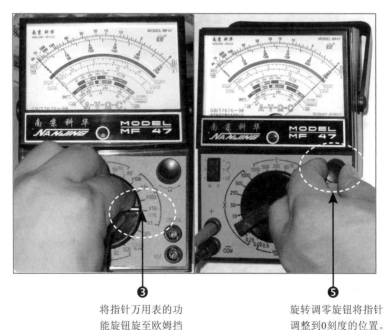

③ 将指针万用表的功能旋钮旋至欧姆挡的"R×10k挡"。

⑤ 旋转调零旋钮将指针调整到0刻度的位置。完成调零。

图4-14 测量打印机电路中的电源滤波电感器的方法

将指针万用表的
红、黑表笔分别
搭在电源滤波电
感器中的第一组
电感器的两个引
脚上。

❻

❹ 将指针万用表的
两支表笔短接。

观察表盘，测
得当前电感器
的阻值接近0。

❼

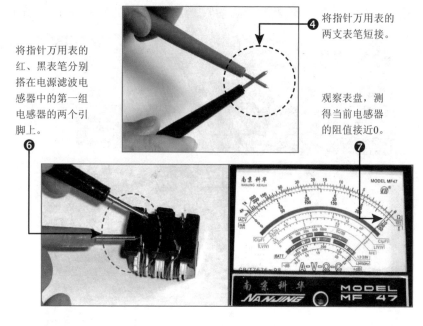

测量完第一组电感器后，
将指针万用表的红、黑
表笔分别搭在电源滤波
电感器中的第二组电感
器的两个引脚上。

❽

观察表盘，测得当前
电感器的阻值也接近0。

❾

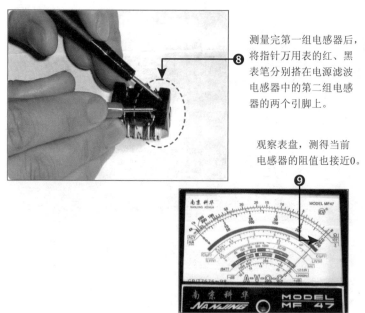

图4-14　测量打印机电路中的电源滤波电感器的方法（续）

由于测量的电源滤波电感器中的两组电感器的阻值均接近0，因此可以判断，此电源滤波电感器正常。

> **提示**
>
> 电感量较大的电感器，由于线圈匝数较多，直流电阻相对较大，因此万用表可以测量出一定阻值。另外，如果被测电感器的阻值趋于无穷大，选择最高阻值量程继续检测，阻值趋于无穷大，则表明被测电感器已损坏。

4.5.4 主板电路中的磁环电感器现场测量实操

主板中的磁环/磁棒电感器主要应用在各种供电电路中。为了测量准确，主板中的磁环/磁棒电感器，通常采用开路测量。

用指针万用表测量主板磁环电感器的方法如图4-15所示。

精彩视频　即扫即看

❶ 首先将主板的电源断开，接着对磁环电感器进行观察，看待测电感器是否损坏，有无烧焦、有无虚焊等情况。

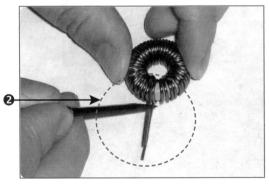

将待测磁环电感器从电路板上焊下，并清洁电感器的两端引脚，去除两端引脚下的污物，确保测量时的准确性。❷

图4-15　测量主板磁环电感器

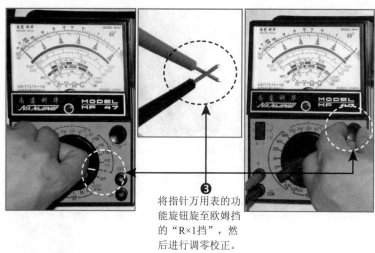

③ 将指针万用表的功能旋钮旋至欧姆挡的"R×1挡",然后进行调零校正。

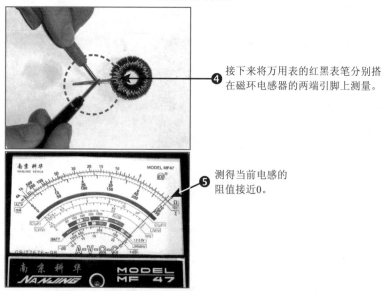

④ 接下来将万用表的红黑表笔分别搭在磁环电感器的两端引脚上测量。

⑤ 测得当前电感的阻值接近0。

图4-15 测量主板磁环电感器(续)

由于测量的磁环电感器的阻值接近0,因此可以判断,此电感器没有断路故障。

提示

对于电感量较大的电感器,由于起线圈圈数较多,直流电阻相对较大,因此万用表可以测量出一定阻值。

第5章

二极管常见故障检测与维修实操

　　二极管又称晶体二极管，是常用的电子元器件之一。其特性是单向导电，在电路中，电流只能从二极管的正极流入，负极流出。利用二极管单向导电性，可以把方向交替变化的交流电变换成单一方向的脉冲直流电。另外，二极管在正向电压作用下电阻很小，处于导通状态；在反向电压作用下，电阻很大，处于截止状态，如同一只开关。利用二极管的开关特性，可以组成各种逻辑电路（如整流电路、检波电路、稳压电路等）。图5-1所示为电路中常见的二极管。

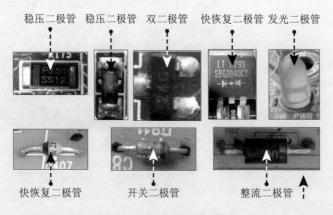

图5-1　电路中常见的二极管

5.1 从电路板和电路图中识别二极管

5.1.1 从电路板中识别二极管

二极管是电路中最基本的元器件之一，在电路中被广泛使用，特别是整流电路中。图5-2所示为电路中的二极管。

开关二极管是半导体二极管的一种，是为在电路上进行"开"、"关"而特殊设计制造的一类二极管。它由导通变为截止或由截止变为导通所需的时间比一般二极管短。

稳压二极管也称齐纳二极管，它是利用二极管反向击穿时两端电压不变的原理来实现稳压限幅、过载保护。

检波二极管的作用是利用其单向导电性将高频或中频无线电信号中的低频信号或音频信号分检出来的器件。

图5-2 电路中的二极管

整流二极管，是将交流电源整流成直流电流的二极管，主要用于整流电路。利用二极管的单向导电功能将交电流变为直流电。图中4个二极管组成了一个整流桥。

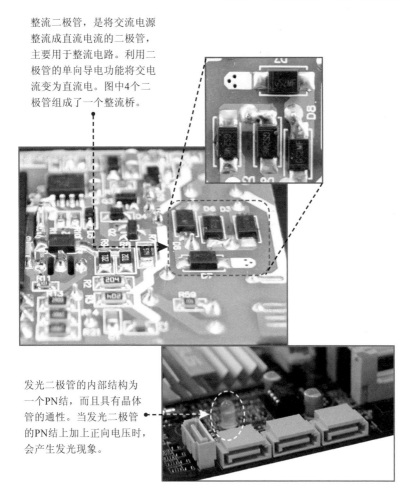

发光二极管的内部结构为一个PN结，而且具有晶体管的通性。当发光二极管的PN结上加上正向电压时，会产生发光现象。

图5-2 电路中的二极管（续）

5.1.2 从电路图中识别二极管

维修电路时，通常需要参考电器设备的电路原理图来查找问题，下面结合电路图来识别电路图中的二极管。二极管一般用"D"、"VD"、"PD"等文字符号来表示。表5-1所示为常见二极管的电路图形符号。图5-3所示为电路图中的二极管。

表5-1 常见二极管电路符号

普通二极管	双向抑制二极管	稳压二极管	发光二极管

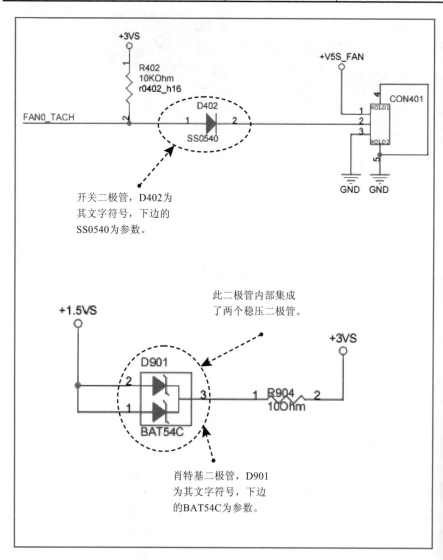

图5-3 电路图中的二极管

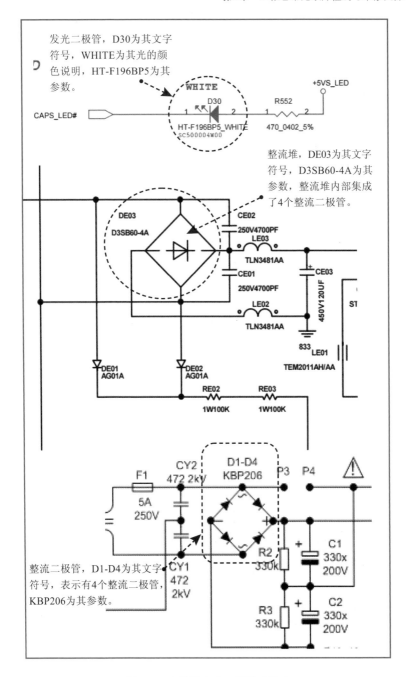

发光二极管，D30为其文字符号，WHITE为其光的颜色说明，HT-F196BP5为其参数。

整流堆，DE03为其文字符号，D3SB60-4A为其参数，整流堆内部集成了4个整流二极管。

整流二极管，D1-D4为其文字符号，表示有4个整流二极管，KBP206为其参数。

图5-3 电路图中的二极管（续）

5.2 二极管常见故障诊断

二极管常见的故障有断路故障、击穿故障、正向电阻变大故障、性能变低故障。

5.2.1 二极管断路故障诊断

二极管断路故障诊断方法如图5-4所示。

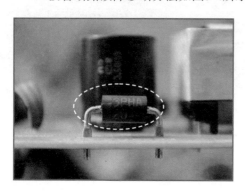

（1）二极管的断路是指二极管的正、负极之间已经断开，用万用表测量阻值时，二极管正向和和反向阻值均为无穷大。

（2）二极管断路后，会造成二极管的负极没有电压输出。一般遇到这种情况需要更换电路中的二极管。

图5-4 二极管断路故障诊断

5.2.2 二极管击穿故障诊断

二极管击穿是比较常见的故障，击穿之后二极管正、负极之间变成通路。二极管击穿故障诊断方法如图5-5所示。

（1）用万用表测量二极管的阻值，当正反向阻值一样大或者十分接近的时候说明电路中二极管被击穿。

（2）被击穿的二极管正、负极之间的电阻可能为0，也可能存在一定的电阻值，但是负极将会没有正常的信号电压输出，有时会出现电路中过电流的现象。二极管击穿后通常需要更换二极管来排除故障。

图5-5 二极管击穿故障诊断

5.2.3 二极管正向电阻值变大故障诊断

二极管正向电阻值变大故障诊断方法如图5-6所示。

（1）正向电阻值变大是指信号在二极管上的压降增大，造成二极管负极输出信号电压下降，二极管因此发热，二极管过热的话会烧坏。

（2）如果二极管正向电阻值太大，会导致二极管单相的导电性变差。结果只有更换二极管来恢复电路。

图5-6 二极管正向电阻值变大故障诊断

5.3 二极管的检测方法

二极管的检测要根据二极管的结构特点和特性，作为理论依据。特别是二极管正向电阻小、反向电阻大这一特性。

5.3.1 用指针万用表检测二极管

用指针万用表对二极管进行检测的方法如图5-7所示。

将指针万用表调到"R×1k"挡，并对指针万用表做调零校正。❶

图5-7 用指针万用表对二极管进行检测的方法

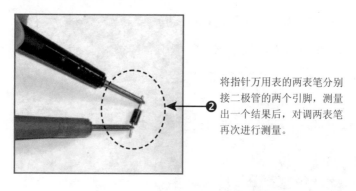

将指针万用表的两表笔分别接二极管的两个引脚，测量出一个结果后，对调两表笔再次进行测量。

图5-7 用指针万用表对二极管进行检测的方法（续）

如果两次测量中，一次阻值较小，另一次阻值较大（或为无穷大），则说明二极管基本正常。阻值较小的一次测量结果是二极管的正向电阻值，阻值较大（或为无穷大）的一次为二极管的反向电阻值。且在阻值较小的那一次测量中，指针万用表的黑表笔所接二极管的引脚为二极管的正极，红表笔所接引脚为二极管的负极。

如果测得二极管的正、反向电阻值都很小，则说明二极管内部已击穿短路或漏电损坏，需要替换新管。如果测得二极管的正、反向电阻值均为无穷大，则说明该二极管已开路损坏，需要替换新管。

5.3.2 用数字万用表检测二极管

用数字万用表对二极管进行检测的方法如图5-8所示。

精彩视频 即扫即看

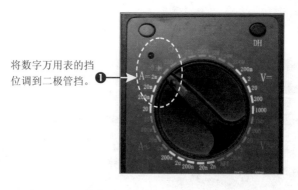

将数字万用表的挡位调到二极管挡。

图5-8 用数字万用表对二极管进行检测的方法

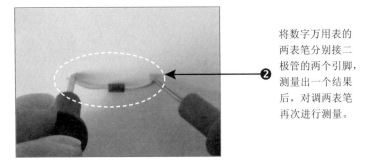

将数字万用表的两表笔分别接二极管的两个引脚，测量出一个结果后，对调两表笔再次进行测量。❷

图5-8　用数字万用表对二极管进行检测的方法（续）

如果正、反向阻值二次检测中，显示屏显示数均小，数字万用表有蜂鸣叫声，表明二极管击穿短路；如果均无显示（只显示1），表明二极管断路。

提示

正向电阻变大和反向电阻变小的二极管，一般情况下，用数字万用表不能有效检测出来。不如指针万用表有效。

5.3.3　电压法检测二极管

通过在路检测二极管正向压降可以判断二极管是否正常，如图5-9所示。

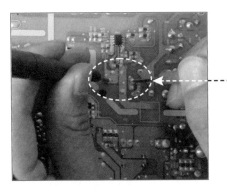

测量方法：用万用表电压挡（20 V挡或25 V挡），用红表笔接二极管的正极，黑表笔接二极管的负极进行测量。

图5-9　检测二极管正向压降

在电路加电的情况下，测量二极管的正向压降。由于二极管的正向压降为0.5～0.7 V下，如果在电路加电情况下，二极管两端正向电压远远大于0.7 V，该二极管肯定断路损坏。

5.4 二极管检测与代换方法

5.4.1 整流二极管的代换方法

整流二极管的代换方法如图5-10所示。

（1）当整流二极管损坏后，可以用同型号的整流二极管更换。如果没有同型号的整流二极管，可以用参数相近的其他型号整流二极管代换。

（2）代换整流二极管时，主要应考虑其最大整流电流、最大反向工作电流、截止频率及反向恢复时间等参数。通常，高耐压值（反向电压）的整流二极管可以代换低耐压值的整流二极管，而低耐压值的整流二极管不能代换高耐压值的整流二极管。整流电流值高的二极管可以代换整流电流值低的二极管，而整流电流值低的二极管则不能代换整流电流值高的二极管。

图5-10 整流二极管的代换方法

5.4.2 稳压二极管的代换方法

稳压二极管的代换方法如图5-11所示。

（1）当稳压二极管损坏后，应采用同型号稳压二极管更换。如果没有同型号的稳压二极管，可以用参数相同的稳压二极管来更换。

（2）更换稳压二极管时，主要应考虑其稳定电压、最大稳定电流、耗散功率等参数。一般具有相同稳定电压值的高耗散功率稳压二极管可以代换耗散功率低的稳压二极管，但不能用耗散功率低的稳压二极管来代换耗散功率高的稳压二极管。例如，1 W、6.2 V的稳压二极管可以用2 W、6.2 V稳压二极管代换。

图5-11 稳压二极管的代换方法

5.4.3 开关二极管的代换方法

开关二极管的代换方法如图5-12所示。

（1）当开关二极管损坏后，应用同型号的开关二极管更换。如果没有同型号的开关二极管，可以用与其主要参数相同的其他型号的开关二极管来代换。

（2）更换开关二极管时，应考虑其正向电流、最高反向电压、反向恢复时间等参数。一般高速开关二极管可以代换普通开关二极管，反向击穿电压高的开关二极管可以代换反向击穿电压低的开关二极管。

图5-12 开关二极管的代换方法

5.4.4 检波二极管的代换方法

检波二极管的代换方法如图5-13所示。

当检波二极管损坏后，最好选用同型号、同规格的检波二极管更换。如果没有同型号二极管更换时，可以选用半导体材料相同，主要参数相近的二极管来代换。也可用损坏了一个PN结的锗材料高频晶体管来代换。

图5-13 检波二极管的代换方法

5.5 不同类型二极管现场检测实操

5.5.1 中央空调温控电路中的整流二极管现场检测实操

整流二极管主要用在电源供电电路板中，电路板中的整流二极管可以采用开路检测，也可以采用在路检测。

中央空调温控电路中整流二极管开路检测的方法如图5-14所示。

精彩视频　即扫即看

❶ 将待测整流二极管的电源断开，对待测整流二极管进行观察，看待测二极管是否损坏，有无烧焦、虚焊等情况。如果有，整流二极管已损坏。

❷ 用一小毛刷清洁整流二极管的两端，去除两端引脚下的污物，以避免因油污的隔离作用而使表笔与引脚间的接触不实影响测量结果。

图5-14　中央空调温控电路中整流二极管开路检测的方法

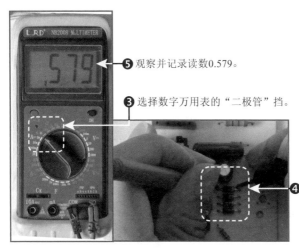

⑤ 观察并记录读数0.579。

③ 选择数字万用表的"二极管"挡。

④ 将数字万用表的红表笔接待测整流二极管的正极，黑表笔接待测整流二极管的负极。

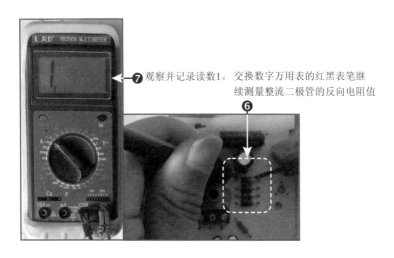

⑦ 观察并记录读数1。　交换数字万用表的红黑表笔继续测量整流二极管的反向电阻值

⑥

图5-14　中央空调温控电路中整流二极管开路检测的方法（续）

　　经检测，待测整流二极管正向电阻为固定值，反向电阻为无穷大，因此该整流二极管的功能基本正常。

> 提示
>
> 　　如果待测整流二极管的正向阻值和反向阻值均为无穷大，则二极管很可能有断路故障。如果测得整流二极管正向阻值和反向阻值都接近于0，则二极管已被击穿短路。如果测得整流二极管正向阻值和反向阻值相差不大，则说明二极管已经失去了单向导电性或单向导电性不良。

5.5.2 主板中的稳压二极管现场检测实操

主板中的稳压二极管主要在内存供电电路等电路中。主板中的稳压二极管可以采用开路检测，也可以采用在路检测。为了测量准确，通常用指针万用表开路进行测量。

开路检测主板中的稳压二极管的方法如图5-15所示。

精彩视频　即扫即看

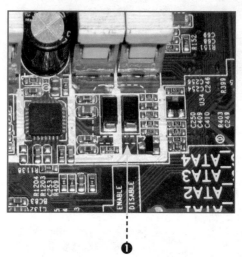

❶ 将主板的电源断开，对稳压二极管进行观察，看待测稳压二极管是否损坏，有无烧焦、虚焊等情况。

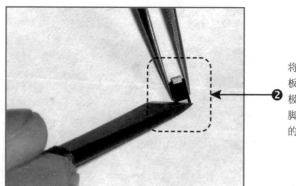

❷ 将待测稳压二极管从电路板上焊下，并清洁稳压二极管的两端，去除两端引脚下的污物，确保测量时的准确性。

图5-15　开路检测主板中的稳压二极管的方法

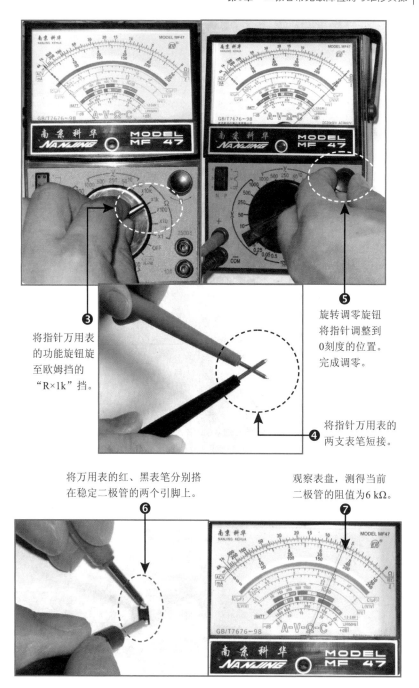

❸

将指针万用表的功能旋钮旋至欧姆挡的"R×1k"挡。

❺

旋转调零旋钮将指针调整到0刻度的位置。完成调零。

❹

将指针万用表的两支表笔短接。

将万用表的红、黑表笔分别搭在稳定二极管的两个引脚上。

观察表盘，测得当前二极管的阻值为6 kΩ。

❻

❼

图5-15 开路检测主板中的稳压二极管的方法（续）

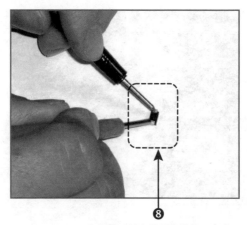

将指针万用表的黑表笔接二极管
的负极引脚，红表笔接二极管的
正极引脚。

观察测量结果，发现其
反向阻值为无穷大。

图5-15 开路检测主板中的稳压二极管的方法（续）

提示

如果测量的正向阻值和反向阻值都趋于无穷大，则二极管有断路故障；如果二极管正向阻值和反向阻值都趋于0，则二极管被击穿短路；如果二极管正向阻值和反向阻值相差不大，则说明二极管失去单向导电性或单向导电性不良。

经检测，两次测量所得的阻值分别为6 kΩ和无穷大，可以测定6 kΩ为正向阻值，无穷大为反向阻值，此稳压二极管正常。

5.5.3 打印机电路中的开关二极管现场检测实操

打印机电路中的开关二极管可以采用开路检测，也可以采用在路检测。为了测量准确，通常用指针万用表开路进行测量。

打印机电路中的开关二极管检测方法如图5-16所示。

将待测开关二极管的电源断开，对待测开关二极管进行观察，看待测开关二极管是否损坏，有无烧焦、虚焊等情况。

用电烙铁将待测开关二极管焊下来，此时需用小镊子夹持着开关二极管以避免被电烙铁传来的热量烫伤。

清洁开关二极管的两端，去除两端引脚下的污物，确保测量时的准确性。

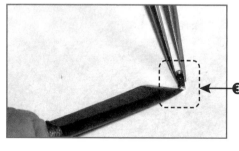

图5-16 打印机电路中的开关二极管检测方法

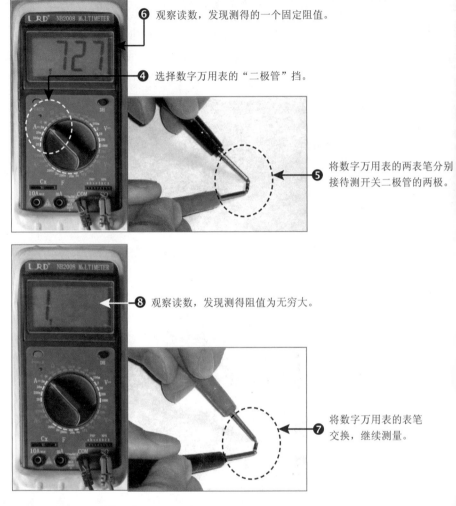

⑥ 观察读数，发现测得的一个固定阻值。

④ 选择数字万用表的"二极管"挡。

⑤ 将数字万用表的两表笔分别接待测开关二极管的两极。

⑧ 观察读数，发现测得阻值为无穷大。

⑦ 将数字万用表的表笔交换，继续测量。

图5-16　打印机电路中的开关二极管检测方法（续）

　　两次检测中出现固定阻值的那一次的接法即为正向接法（红表笔所接的为数字万用表得正极），经检测待测开关二极管正向电阻为固定电阻值，反向电阻为无穷大。因此，该开关二极管的功能基本正常。

第6章

三极管常见故障检测与维修实操

　　三极管全称应为晶体三极管，是电子电路的核心元件。三极管是一种控制电流的半导体器件，其作用是把微弱信号放大成幅度值较大的电信号。

　　三极管是在一块半导体基片上制作两个相距很近的 PN 结，两个 PN 结把整块半导体分成三部分，中间部分是基区，两侧部分是发射区和集电区，排列方式有 PNP 和 NPN 两种。

　　三极管按材料分有两种：锗管和硅管。每一种又有 NPN 和PNP 两种结构形式，但使用最多的是硅 NPN 和锗 PNP 两种三极管。图 6-1 所示为电路中常见的三极管。

NPN型三极管　　贴片三极管　　　小功率三极管　NPN型硅三极管　PNP型三极管

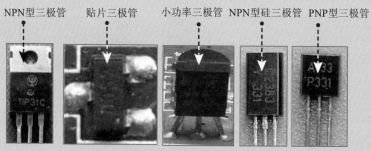

图6-1　电路中常见的三极管

6.1 从电路板和电路图中识别三极管

6.1.1 从电路板中识别三极管

三极管是电路中最基本的元器件之一，在电路中被广泛使用，特别是放大电路中。图6-2所示为电路中的三极管。

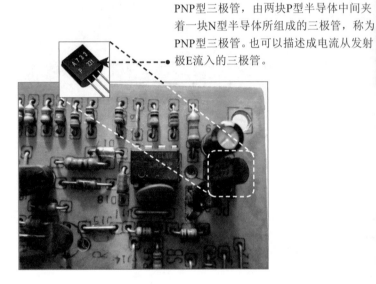

PNP型三极管，由两块P型半导体中间夹着一块N型半导体所组成的三极管，称为PNP型三极管。也可以描述成电流从发射极E流入的三极管。

开关三极管，它的外形与普通三极管外形相同，工作于截止区和饱和区，相当于电路的切断和导通。由于具有完成断路和接通的作用，被广泛应用于各种开关电路中，如常用的开关电源电路、驱动电路、高频振荡电路、模数转换电路、脉冲电路及输出电路等。

图6-2　电路中的三极管

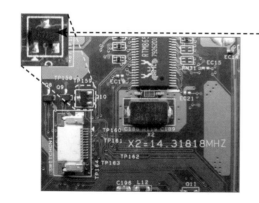

贴片三极管的基本作用是放大，它可以把微弱的电信号放大到一定强度，当然这种转换仍然遵循能量守恒，它只是把电源的能量转换成信号的能量。

NPN型三极管，由三块半导体构成，其中两块N型和一块P型半导体组成，P型半导体在中间，两块N型半导体在两侧。三极管是电子电路中最重要的器件，主要的功能是电流放大和开关作用。

图6-2　电路中的三极管（续）

6.1.2　从电路图中识别三极管

维修电路时，通常需要参考电器设备的电路原理图来查找问题，下面结合电路图来识别电路图中的三极管。三极管一般用"Q"、"V"、"QR"、"BG"、"PQ"等文字符号来表示。表6-1所示为常见三极管的电路图形符号。图6-3所示为电路图中的三极管。

表6-1　常见三极管电路符号

NPN型三极管	NPN型三极管	PNP型三极管	PNP型三极管

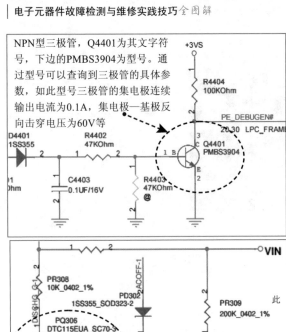

NPN型三极管，Q4401为其文字符号，下边的PMBS3904为型号。通过型号可以查询到三极管的具体参数，如此型号三极管的集电极连续输出电流为0.1A，集电极—基极反向击穿电压为60V等

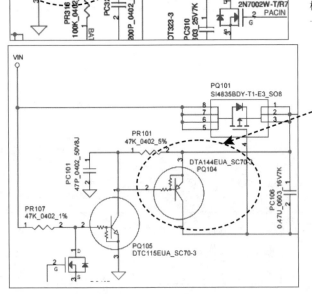

NPN型数字三极管，PQ306为其文字符号，下面的DTC115EUA为其型号，SC70-3为封装形式。数字三极管是带电阻的三极管，此三极管在基极上串联一只电阻，并在基极与发射极之间并联一只电阻。

PNP型数字三极管，PQ104为其文字符号，上面的DTA144EUA为其型号，SC70-3为其封装形式。数字三极管是带电阻的三极管，此三极管在基极上串联一只电阻，并在基极与发射极之间并联一只电阻。

图6-3　电路图中的三极管

6.2 三极管常见故障诊断

三极管的损坏，主要是指其PN结的损坏。按照三极管工作状态的不同，造成三极管损坏的具体情况是：工作于正向偏置的PN结，一般为过电流损坏，不会发生击穿；而工作于反向偏置的PN结，当反偏电压过高时，将会使PN结因过压而击穿。

三极管在工作时，电压过高、电流过大都会令其损坏。而在电路板上只能通过万用表测阻值或者测量直流电压的方法来判断是否击穿或开路。

通过测量三极管各引脚电阻值诊断故障的方法如图6-4所示。

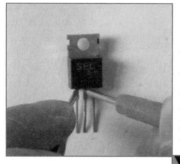

（1）通过检测三极管各极间PN结的正反向电阻值（即各极间的电阻值）判断好坏。如果各极间电阻值相差较大，说明三极管是好的；如果各极间正反向电阻值都大，说明三极管内部有断路或者PN结性能不好；如果各极间正反向电阻都小，说明三极管极间短路或者击穿了。

（2）在检测PNP小功率锗管三极管时，用万用表R×100挡，红表笔接集电极，黑表笔接发射极测量。正常的三极管的高频管阻值应在50 KΩ以上，低频管阻值应为几千欧姆到几十千欧姆范围内。

（3）在测NPN小功率硅管三极管时，用万用表R×1K档，黑表笔接集电极，红表笔接发射极测量。正常时测量的阻值应在几百千欧姆以上，一般表针不动或者微动。

图6-4 测量各种三极管的阻值

（4）在测大功率三极管时，用万用表R×10挡，然后测量集电极与发射极间反向电阻值，正常应在几百欧姆以上。

图6-4　测量各种三极管的阻值（续）

诊断方法：如果测得阻值偏小，说明三极管穿透电流过大。如果测试过程中表针缓缓向低阻方向摆动，说明三极管工作不稳定。如果用手捏管壳，阻值减小很多，说明三极管热稳定性很差。

6.3　三极管检测与代换方法

6.3.1　三极管极性判断方法

判断三极管的极性的方法如图6-5所示（指针万用表为例讲解）：

精彩视频　即扫即看

❶ 将万用表功能旋钮置于R×100或R×1K挡。

图6-5　判断三极管的极性的方法

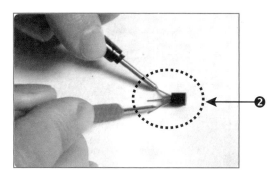

将黑表笔接在某一只引脚上不动，红表笔分别测量另外二只引脚。如果在二次测量中，万用表测量的电阻值都很小，则该三极管为NPN型三极管，且黑表笔接的电极为基极（B极）。❷

如果在二次测量中，万用表测量的电阻值都很大，则该三极管为PNP型三极管，且黑表笔接的电极为基极（B极）。❸

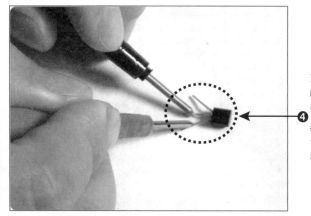

如果在二次测量中，万用表测量的电阻值一个大一个小，则黑表笔接的电极不是基极（B极），此时应将万用表黑表笔换到另一个引脚上进行测试，直到找到基极为止。❹

图6-5 判断三极管的极性的方法（续）

接下来将万用表功能旋钮置于R×10K挡
❺（利用表内9 V或15 V电池）。判别NPN
型和PNP型三极管集电极与发射极。

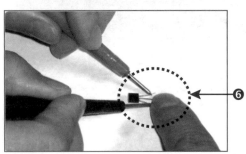

对于NPN型三极管，测量时将红、黑表笔分
别接基极外的二只引脚，用一只手指将基极
与黑表笔相接触，观察指针的偏转；将红、
❻黑表笔交换再重测一次，观察指针偏转。对
比这二次测量中，指针偏转量最大的一次，
黑表笔接的是集电极，红表笔接的是发射极。

对于PNP型三极管，测量时将红、黑表笔
分别接基极外的二只引脚，用一只手指
将基极与红表笔相接触，观察指针的偏转；
将红、黑表笔交换再重测一次，观察指针❼
偏转。判断：在这二次测量中，指针偏转
量最大的一次接法时，黑表笔接的是发射
极，红表笔接的是集电极。

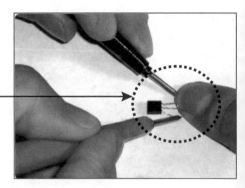

图6-5　判断三极管的极性的方法（续）

提示

因三极管的类型不同，在很多情况下，用R×10K挡测量时，手指不接触，就有一次接法中万用表指针偏转，调换表笔后万用表指针不偏转，指针有偏转的接法时，黑表笔接的是集电极。

6.3.2 识别三极管的材质

由于硅三极管的PN结压降约为0.7V，而锗三极管的PN结压降约为0.3V，所以可以通过测量b-e结正向电阻的方法来区分锗管和硅管。

1. 识别PNP型三极管的材料

识别PNP型三极管为锗管还是硅管的方法如图6-6所示。

❶ 用指针万用表欧姆挡的"R×1k"挡测量。

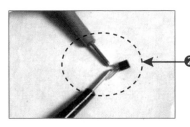

❷ 将红表笔接基极b，黑表笔接发射极e，然后观察测量的电阻值。

图6-6 识别PNP型三极管为锗管还是硅管的方法（续）

如果测量的电阻值小于1 kΩ，则三极管为锗管；如果测量的电阻值在5~10 kΩ，则三极管为硅管。

2. 识别NPN型三极管的材料

识别NPN型三极管为锗管还是硅管的方法如图6-7所示。

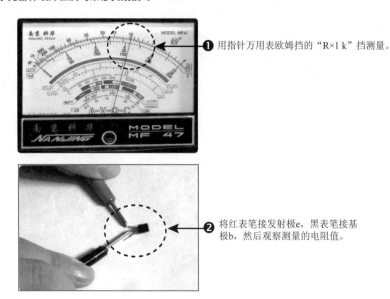

❶ 用指针万用表欧姆挡的"R×1 k"挡测量。

❷ 将红表笔接发射极e，黑表笔接基极b，然后观察测量的电阻值。

图6-7　识别NPN型三极管为锗管还是硅管的方法

如果测量的电阻值小于1 kΩ，则三极管为锗管；如果测量的电阻值在5~10 kΩ，则三极管为硅管。

6.3.2　PNP型三极管的检测方法

PNP型三极管的测量方法如图6-8所示。

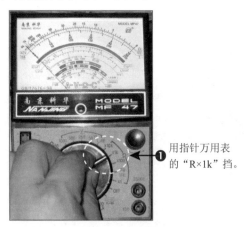

❶ 用指针万用表的"R×1k"挡。

图6-8　测量PNP型三极管的好坏的方法

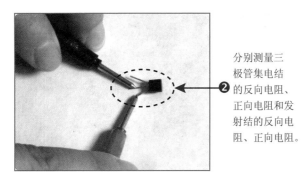

分别测量三
极管集电结
的反向电阻、
正向电阻和发
射结的反向电
阻、正向电阻。

②

图6-8　测量PNP型三极管的好坏的方法（续）

将集电结和发射结的正、反向电阻进行比较。如果集电结、发射结的反向电阻小于正向电阻，且集电结和发射结的正向电阻相等，则该PNP型三极管正常。

> **提示**
>
> 　黑表笔接三极管的B极，红表笔接C极，测量的为集电结的反向电阻。将红黑表笔反过来测量的为集电结的正向电阻。
>
> 　黑表笔接三极管的B极，红表笔接E极，测量的为发射结的反向电阻。将红黑表笔反过来测量的为发射结的正向电阻。

6.3.3　NPN型三极管的检测方法

NPN型三极管的测量方法如图6-9所示。

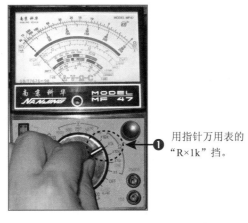

用指针万用表的
"R×1k"挡。

①

图6-9　NPN型三极管的测量方法

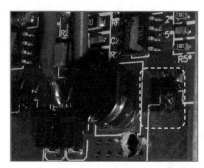

分别测量三极管集电结的反向电阻、正向电阻和发射结的反向电阻、正向电阻。

❷

图6-9 NPN型三极管的测量方法（续）

将集电结和发射结的正、反向电阻进行比较。如果集电结、发射结的反向电阻大于正向电阻，且集电结和发射结的正向电阻相等，则该NPN型三极管正常。

6.3.4 三极管代换方法

三极管的代换方法如图6-10所示。

当三极管损坏后，最好选用同类型（材料相同、极性相同）、同特性（参数值和特性曲线相近）、同外形的三极管替换。如果没有同型号的三极管，则应选用耗散功率、最大集电极电流、最高反向电压、频率特性、电流放大系数等参数相同的三极管代换。

图6-10 三极管的代换方法

6.4 不同类型三极管现场检测实操

6.4.1 区分打印机电路中的NPN型和PNP型三极管现场检测实操

区分打印机电路中的NPN型三极管和PNP型三极管的具体操作步骤如图6-11所示。

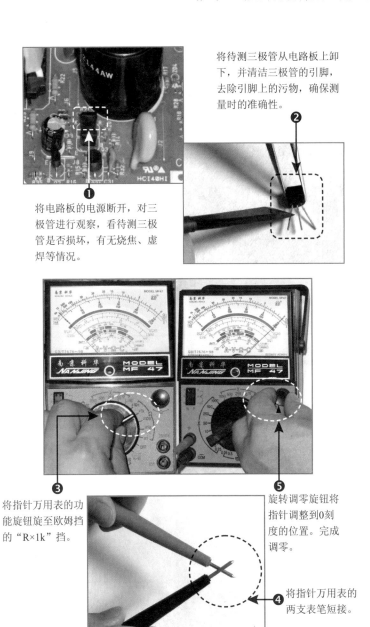

将待测三极管从电路板上卸下，并清洁三极管的引脚，去除引脚上的污物，确保测量时的准确性。❷

将电路板的电源断开，对三极管进行观察，看待测三极管是否损坏，有无烧焦、虚焊等情况。

将指针万用表的功能旋钮旋至欧姆挡的"R×1k"挡。❸

旋转调零旋钮将指针调整到0刻度的位置。完成调零。❺

将指针万用表的两支表笔短接。❹

图6-11 区分打印机电路中的NPN型三极管和PNP型三极管的方法

将指针万用表的黑表笔接在三极管某一只引脚上不动，红表笔接另外两只引脚中的任一只引脚。

观察表盘，测得的阻值为10 kΩ。

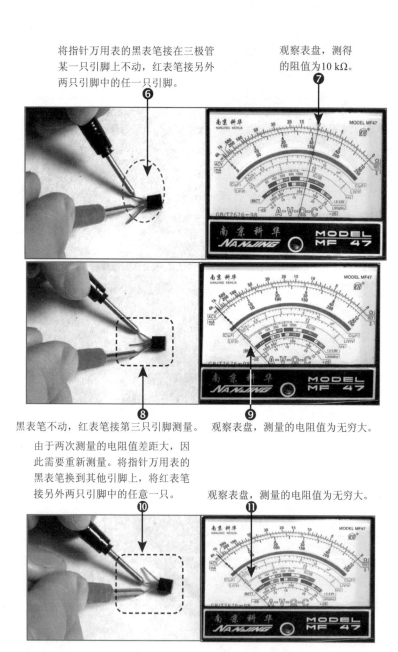

黑表笔不动，红表笔接第三只引脚测量。

观察表盘，测量的电阻值为无穷大。

由于两次测量的电阻值差距大，因此需要重新测量。将指针万用表的黑表笔换到其他引脚上，将红表笔接另外两只引脚中的任意一只。

观察表盘，测量的电阻值为无穷大。

图6-11 区分打印机电路中的NPN型三极管和PNP型三极管的方法（续）

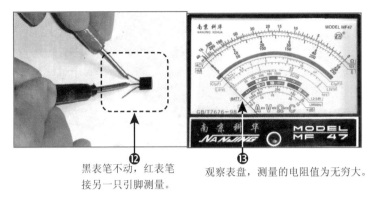

⑫ 黑表笔不动，红表笔
接另一只引脚测量。

⑬ 观察表盘，测量的电阻值为无穷大。

图6-11　区分打印机电路中的NPN型三极管和PNP型三极管的方法（续）

　　测量分析：由于步骤10~13中两次测量的电阻值都为无穷大，因此可以判断，此三极管为PNP型三极管，黑表笔接的引脚为三极管的基极。

> **提示**
>
> 　　如果在步骤⑩~⑬中两次测量电阻值都很小，则该三极管为NPN型三极管，黑表笔接的电极为基极（B极）。

6.4.2　用指针万用表判断NPN型三极管极性现场检测实操

　　用指针万用表判断NPN型三极管的集电极和发射极的具体操作步骤如图6-12所示。

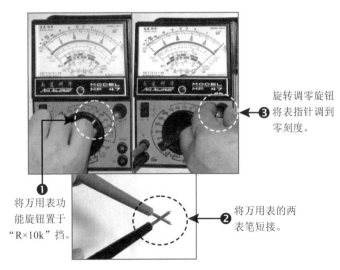

❸ 旋转调零旋钮
将表指针调到
零刻度。

❶ 将万用表功
能旋钮置于
"R×10k"挡。

❷ 将万用表的两
表笔短接。

图6-12　用指针万用表判断PNP型三极管的集电极和发射极的方法

将万用表的红、黑表笔分别接三极管基极外的两只引脚，并用一只手指将基极与黑表笔相接触。

❹

观察表盘，测得阻值为"150k"。

❺

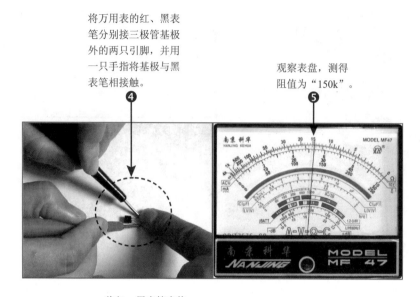

将红、黑表笔交换再重测量一次，同样用一只手指将基极与黑表笔相接触。

❻

观察表盘，发现测得的阻值为"180k"。

❼

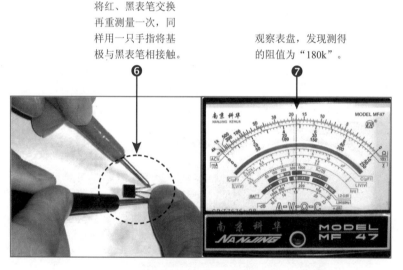

图6-12　用指针万用表判断PNP型三极管的集电极和发射极的方法（续）

在两次测量中，指针偏转量最大的一次（阻值为"150k"的一次），黑表笔接的是集电极，红表笔接的是发射极。

6.4.3　用指针万用表判断PNP型三极管极性现场检测实操

判断PNP型三极管的集电极和发射极的具体操作步骤如图6-13所示。

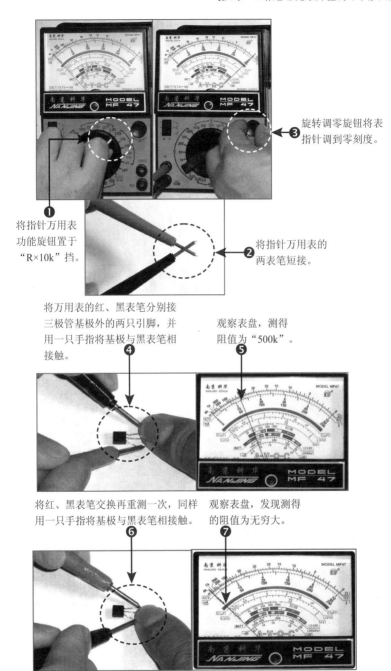

❸ 旋转调零旋钮将表
指针调到零刻度。

❶ 将指针万用表
功能旋钮置于
"R×10k"挡。

❷ 将指针万用表的
两表笔短接。

将万用表的红、黑表笔分别接
三极管基极外的两只引脚，并
用一只手指将基极与黑表笔相
接触。
❹

观察表盘，测得
阻值为"500k"。
❺

将红、黑表笔交换再重测一次，同样
用一只手指将基极与黑表笔相接触。
❻

观察表盘，发现测得
的阻值为无穷大。
❼

图6-13 用指针万用表判断PNP型三极管的集电极和发射极的方法

在两次测量中，指针偏转量最大的一次（阻值为"500k"的一次），黑表笔接的是发射极，红表笔接的是集电极。

6.4.4　用数字万用表"hFE"挡判断三极管极性现场检测实操

目前，指针万用表和数字万用表都有三极管"hFE"测试功能。万用表面板上也有三极管插孔，插孔共有8个，按三极管电极的排列顺序排列，每4个一组，共2组，分别对应NPN型和PNP型。

用数字万用表判断三极管各引脚极性的具体操作步骤如图6-14所示。

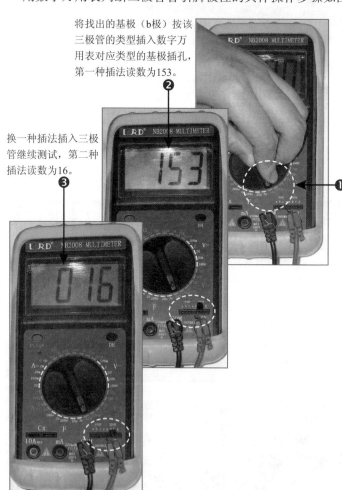

将找出的基极（b极）按该三极管的类型插入数字万用表对应类型的基极插孔，第一种插法读数为153。
❷

换一种插法插入三极管继续测试，第二种插法读数为16。
❸

首先判断三极管的类型及基极，然后将万用表功能旋钮旋至"hFE"挡。
❶

图6-14　用数字万用表判断三极管各引脚极性的方法

对比两次测量结果,其中"hFE"值为"153"一次的插入法中,三极管的电极符合数字万用表上的排列顺序(值较大的一次),由此确定三极管的集电极和发射极。

6.4.5 测量打印机电路中的直插式三极管现场检测实操

直插式三极管一般应用在打印机的电源供电电路板中,为了准确测量,一般采用开路检测。

精彩视频 即扫即看

打印机电路中的直插式三极管的测量方法如图6-15所示。

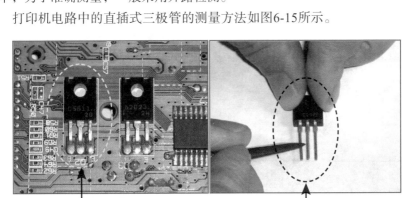

将电路板的电源断开,对三极管进行观察,看待测三极管是否损坏,有无烧焦、虚焊等情况。

待测三极管从电路板上卸下,并清洁三极管的引脚,去除引脚上的污物,确保测量时的准确性。

将指针万用表功能旋钮置于"R×1k"挡。然后将两表笔短接,旋转调零旋钮将表指针调到零刻度。

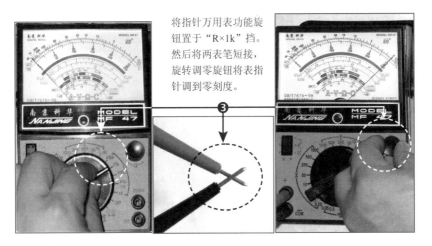

图6-15 打印机电路中的直插式三极管的测量方法

将指针万用表的黑表笔接在三极
管某一只引脚上不动，红表笔接
另外两只引脚中的一只测量。

观察表盘，测得
阻值为"6k"。

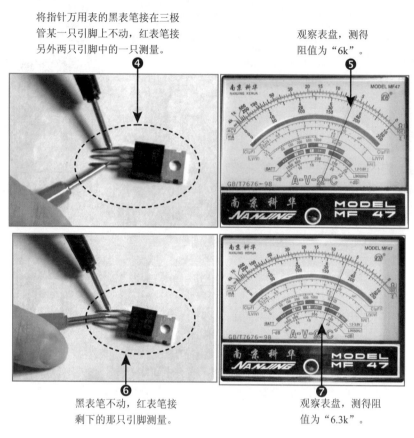

黑表笔不动，红表笔接
剩下的那只引脚测量。

观察表盘，测得阻
值为"6.3k"。

结论1： 由于两次测量的电阻值都比较小，因此可以判断，此三极
管为NPN型三极管，黑表笔接的引脚为三极管的基极B。

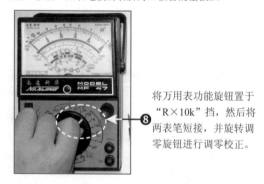

将万用表功能旋钮置于
"R×10k"挡，然后将
两表笔短接，并旋转调
零旋钮进行调零校正。

图6-15 打印机电路中的直插式三极管的测量方法（续）

观察表盘,测得
阻值为"170k"

再将万用表的
红、黑表笔分
别接三极管基
极外的两只引
脚,并用一只
手指将基极与
黑表笔相接触。

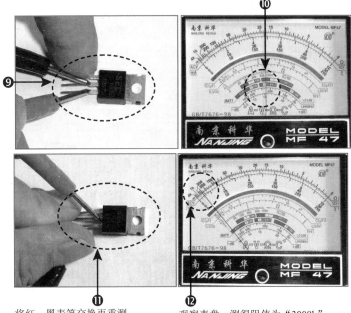

将红、黑表笔交换再重测
一次。同样用一只手指将
基极与黑表笔相接触。

观察表盘,测得阻值为"3000k"。

结论2:在两次测量中,指针偏转量最大的一次(阻值为"170k"的
一次),黑表笔接的是发射极,红表笔接的是集电极。

再次将万用表调到
"R×1k"挡。然后
将两表笔短接,旋
转调零旋钮将表指
针调到零刻度。

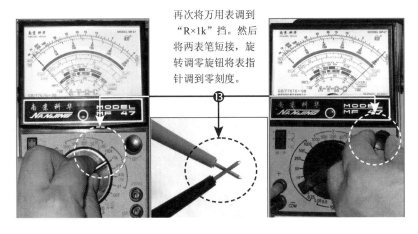

图6-15 打印机电路中的直插式三极管的测量方法(续)

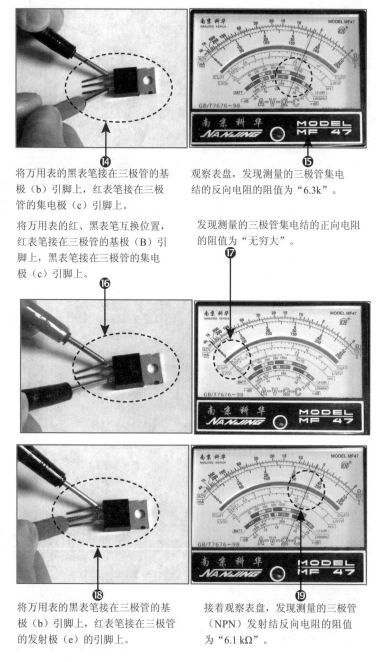

将万用表的黑表笔接在三极管的基极（b）引脚上，红表笔接在三极管的集电极（c）引脚上。

将万用表的红、黑表笔互换位置，红表笔接在三极管的基极（B）引脚上，黑表笔接在三极管的集电极（c）引脚上。

观察表盘，发现测量的三极管集电结的反向电阻的阻值为"6.3k"。

发现测量的三极管集电结的正向电阻的阻值为"无穷大"。

将万用表的黑表笔接在三极管的基极（b）引脚上，红表笔接在三极管的发射极（e）的引脚上。

接着观察表盘，发现测量的三极管（NPN）发射结反向电阻的阻值为"6.1 kΩ"。

图6-15 打印机电路中的直插式三极管的测量方法（续）

再将万用表的红、黑表笔互换位置，红表笔接在三极管的基极（b）引脚上，黑表笔接在三极管的发射极（e）的引脚上测量。❷⓿

观察表盘，发现测量的三极管（NPN）发射结正向电阻的阻值为无穷大。❷①

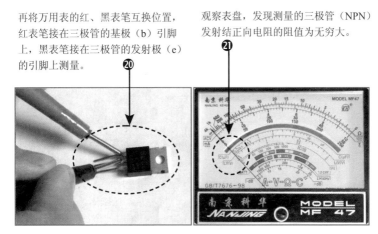

总结论： 由于测量的三极管集电结的反向电阻的阻值为"6.3 kΩ"，远小于集电结正向电阻的阻值无穷大。另外，三极管发射结的反向电阻的阻值为"6.1 kΩ"，远小于发射结正向电阻的阻值无穷大。且发射结正向电阻与集电结正向电阻的阻值基本相等，因此可以判断该NPN型三极管正常。

图6-15　打印机电路中的直插式三极管的测量方法（续）

6.4.6　测量主板中的贴片三极管现场检测实操

由于电路板设计的要求小型化，所以在很多电路板中都用贴片三极管取代体积较大的直插式三极管。在主板电路中，会看到很多贴片三极管，为了准确测量，一般采用开路检测。

主板电路中的贴片三极管的测量方法如图6-16所示。

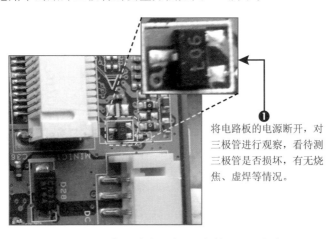

将电路板的电源断开，对三极管进行观察，看待测三极管是否损坏，有无烧焦、虚焊等情况。❶

图6-16　主板电路中的贴片三极管的测量方法

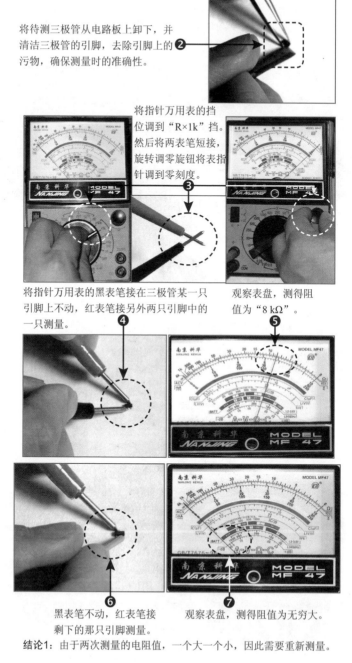

将待测三极管从电路板上卸下，并清洁三极管的引脚，去除引脚上的污物，确保测量时的准确性。 ②

将指针万用表的挡位调到"R×1k"挡。然后将两表笔短接，旋转调零旋钮将表指针调到零刻度。 ③

将指针万用表的黑表笔接在三极管某一只引脚上不动，红表笔接另外两只引脚中的一只测量。 ④

观察表盘，测得阻值为"8 kΩ"。 ⑤

黑表笔不动，红表笔接剩下的那只引脚测量。 ⑥

观察表盘，测得阻值为无穷大。 ⑦

结论1：由于两次测量的电阻值，一个大一个小，因此需要重新测量。

图6-16　主板电路中的贴片三极管的测量方法（续）

将万用表的黑表笔换到另一个引脚上不动，红表笔接另外两只引脚中的一只测量。

观察表盘，测得阻值为无穷大。

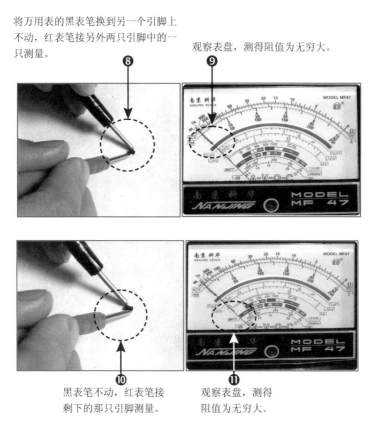

黑表笔不动，红表笔接剩下的那只引脚测量。

观察表盘，测得阻值为无穷大。

结论2：由于两次测量的电阻值都比较大，因此可以判断，此三极管为PNP型三极管，黑表笔接的引脚为三极管的基极b。

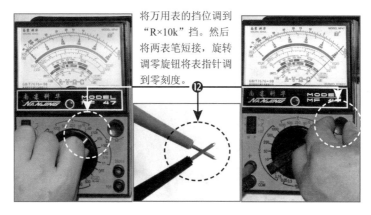

将万用表的挡位调到"R×10k"挡。然后将两表笔短接，旋转调零旋钮将表指针调到零刻度。

图6-16 主板电路中的贴片三极管的测量方法（续）

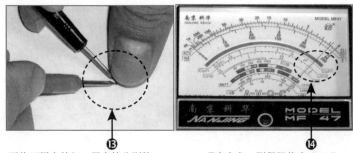

⑬

再将万用表的红、黑表笔分别接三极管基极外的两只引脚，并用一只手指将基极与黑表笔相接触。

⑭

观察表盘，测得阻值为"4 k"。

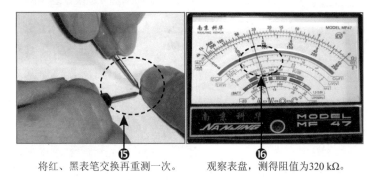

⑮

将红、黑表笔交换再重测一次。

⑯

观察表盘，测得阻值为320 kΩ。

结论3：在两次测量中，指针偏转量最大的一次（阻值为"4 kΩ"的一次），黑表笔接的是集电极c，红表笔接的是发射极e。

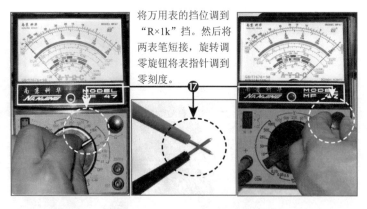

将万用表的挡位调到"R×1k"挡。然后将两表笔短接，旋转调零旋钮将表指针调到零刻度。

⑰

图6-16 主板电路中的贴片三极管的测量方法（续）

将万用表的黑表笔接在三极管基极（b）引脚上，红表笔接在三极管发射极（e）的引脚上。

观察表盘，发现测量的三极管（PNP）发射结反向电阻的阻值为"无穷大"。

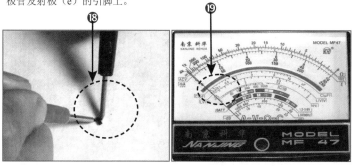

测量完反向电阻后，将万用表的红、黑表笔互换位置，将红表笔接在三极管基极（b）引脚上，黑表笔接在三极管发射极（e）引脚上。

观察表盘，发现测量的三极管（PNP）发射结正向电阻的阻值为"8 kΩ"。

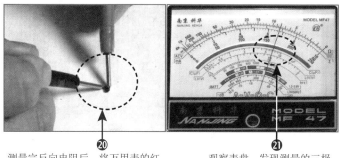

将万用表的黑表笔接在三极管的基极（b）引脚上，红表笔接在三极管的集电极（c）引脚上。

观察表盘，发现测量的三极管集电结的反向电阻的阻值为"无穷大"。

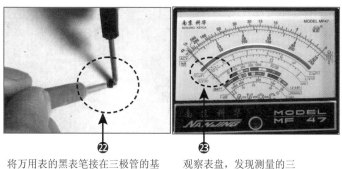

图6-16 主板电路中的贴片三极管的测量方法（续）

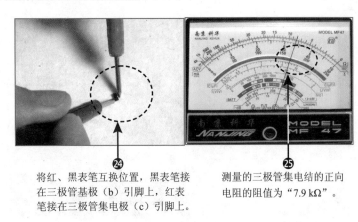

㉔ 将红、黑表笔互换位置，黑表笔接在三极管基极（b）引脚上，红表笔接在三极管集电极（c）引脚上。

㉕ 测量的三极管集电结的正向电阻的阻值为"7.9 kΩ"。

图6-16　主板电路中的贴片三极管的测量方法（续）

总结论：由于测量的三极管集电结的反向电阻的阻值为"无穷大"，远大于集电结正向电阻的阻值"8 kΩ"。另外，三极管发射结的反向电阻的阻值为"无穷大"，远大于发射结正向电阻的阻值"7.9 kΩ"。且发射结正向电阻与集电结正向电阻的阻值基本相等，因此可以判断该PNP型三极管正常。

提示

如果上面三个条件中有一个不符合，则可以判断此三极管不正常。

第7章

场效应晶体管常见故障检测与维修实操

　　场效应晶体管（Field Effect Transistor，FET）简称场效应管，是利用控制输入回路的电场效应来控制输出回路电流的一种半导体器件。场效应管是电压控制电流器件，其放大能力较差，而三极管是电流控制电流器件，其放大能力较强。

　　场效应管分为结型场效应管（JFET）和绝缘栅型场效应管（MOS管）两大类。按沟道材料型和绝缘栅型分为 N 沟道和 P 沟道两种；按导电方式分为：耗尽型与增强型，结型场效应管均为耗尽型，绝缘栅型场效应管既有耗尽型的，也有增强型的。图 7-1 所示为电路中常见的场效应管。

直插式场效应管

贴片式场效应管 ◄┈┈┈┈┈┈　　　　　　　　　　　　　　　►► 双场效应管

超合金场效应管 ◄┈┈┈┈┈┈　　　　　　　　　　　　　　►► 超薄双场效应管

图7-1　电路中常见的场效应管

7.1 从电路板和电路图中识别场效应管

7.1.1 从电路板中识别场效应管

场效应管是电路中常见的元器件之一，在电源电路中被广泛使用。如图7-2所示为电路中的场效应管。

N沟道增强型绝缘栅场效应管，此场效应管是它是利用UGS来控制"感应电荷"的多少，以改变由这些"感应电荷"形成的导电沟道的状况，然后达到控制漏极电流的目的。

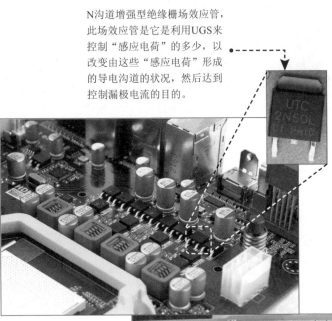

双N沟道增强型场效应晶体管，内部集成两个N沟道增强型场效应管，其内部结构如下。

图7-2　电路中的场效应管

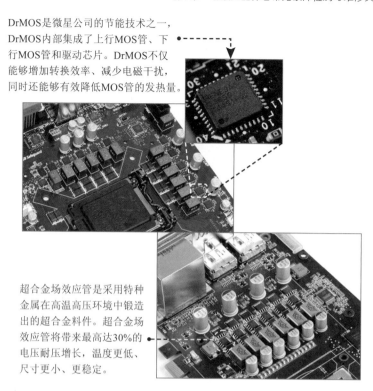

DrMOS是微星公司的节能技术之一，DrMOS内部集成了上行MOS管、下行MOS管和驱动芯片。DrMOS不仅能够增加转换效率、减少电磁干扰，同时还能够有效降低MOS管的发热量。

超合金场效应管是采用特种金属在高温高压环境中锻造出的超合金料件。超合金场效应管将带来最高达30%的电压耐压增长，温度更低、尺寸更小、更稳定。

图7-2 电路中的场效应管（续）

7.1.2 从电路图中识别场效应管

维修电路时，通常需要参考电器设备的电路原理图来查找问题，下面结合电路图来识别电路图中的场效应管。场效应管一般用"Q"、"U""PQ"等文字符号来表示。表7-1所示为常见场效应管的电路图形符号。图7-3所示为电路图中的场效应管。

表7-1 常见场效应管电路符号

增强型N沟道管	耗尽型N沟道管	增强型P沟道管	耗尽型P沟道管

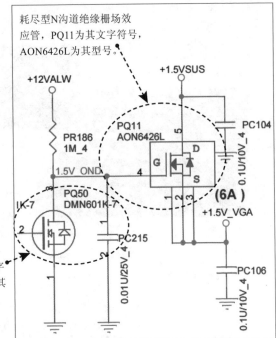

耗尽型N沟道绝缘栅场效
应管，PQ11为其文字符号，
AON6426L为其型号。

增强型N沟道绝缘栅场
效应管，PQ50为其文字
符号，DMN601K-7为其
型号。

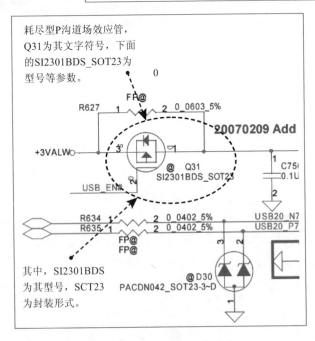

耗尽型P沟道场效应管，
Q31为其文字符号，下面
的SI2301BDS_SOT23为
型号等参数。

其中，SI2301BDS
为其型号，SCT23
为封装形式。

图7-3 电路图中的场效应管

7.2 场效应管检测方法

7.2.1 判别场效应管极性的方法

根据场效应管的PN结正、反向电阻值不一样的特性，可以判别出结型场效应管的三个电极。

判别场效应管的极性的方法如图7-4所示。

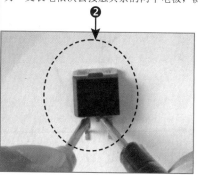

将万用表的黑表笔（红表笔也行）任意接触一个电极，另一支表笔依次去接触其余的两个电极，测其电阻值。

首先将指针万用表调到"R×1k"挡上。

结论1：当出现两次测得的电阻值近似或相等时，则黑表笔所接触的电极为栅极G，其余两电极分别为漏极D和源极S。如果没有出现两次测得的电阻值近似或相等，则将黑表笔接到另一个电极，重新测量。

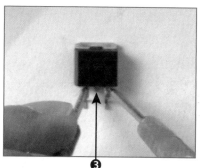

将两支表笔分别接在漏极D和源极S的引脚上，测量其电阻值。之后，再调换表笔测量其电阻值。

结论2：在两次测量中，电阻值较小的一次（一般为几千欧至十几千欧）测量中，黑表笔接的是源极S，红表笔接的是漏极D。

图7-4 判别场效应管的极性的方法

7.2.2 用数字万用表检测场效应管的方法

用数字万用表检测场效应管的方法如图7-5所示。

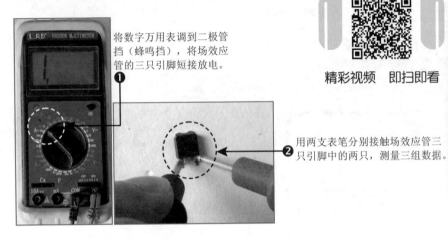

将数字万用表调到二极管挡（蜂鸣挡），将场效应管的三只引脚短接放电。❶

❷ 用两支表笔分别接触场效应管三只引脚中的两只，测量三组数据。

精彩视频　即扫即看

图7-5　用数字万用表检测场效应管的方法

结论：如果其中两组数据为1，另一组数据在300~800之间，说明场效应管正常；如果其中有一组数据为0，则场效应管被击穿。

7.2.3 用指针万用表检测场效应管的方法

用指针万用表检测场效应管的方法如图7-6所示。

测量场效应管的好坏也可以使用万用表的"R×1k"挡。测量前同样须将三只引脚短接放电，以避免测量中发生误差。❶

图7-6　用指针万用表检测场效应管的方法

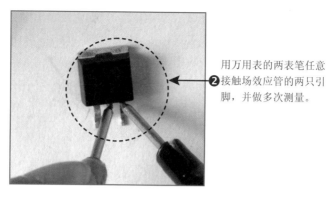

用万用表的两表笔任意 ❷ 接触场效应管的两只引 脚,并做多次测量。

图7-6 用指针万用表检测场效应管的方法（续）

结论：如果在最终测量结果中测得只有一次有读数，并且为"0"时，须短接该组引脚重新测量；如果重测后阻值在4～8 kΩ则说明场效应管正常；如果有一组数据为0，说明场效应管已经被击穿。

7.3 场效应管的代换方法

场效应管的代换方法如图7-7所示。

图7-7 场效应管的代换方法

场效应管损坏后，最好用同类型、同特性、同外形的场效应管更换。如果没有同型号的场效应管，则可以采用其他型号的场效应管代换。

场效应管代换注意事项如下：

一般N沟道的与N沟道的场效应管代换，P沟道的与P沟道的场效应管进行代换。功率大的可以代换功率小的场效应管。小功率场效应管代换时，应考虑其输入阻抗、低频跨导、夹断电压或开启电压、击穿电压等参数；大功率场效应管代换时，应考虑击穿电压（应为功放工作电压的两倍以上）、耗散功率（应达到放大器输出功率的0.5~1倍）、漏极电流等参数。

7.4 不同电路中场效应管现场检测实操

7.4.1 用数字万用表检测主板电路中的场效应管现场实操

用数字万用表测量主板中的场效应管的方法如图7-8所示。

精彩视频　即扫即看

❶ 首先观察场效应管，看待测场效应管是否损坏，有无烧焦或针脚断裂等情况。

❷ 将场效应管从主板中卸下，并清洁场效应管的引脚，去除引脚上的污物，确保测量时的准确性。

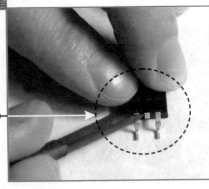

图7-8　用数字万用表测量主板中的场效应管的方法

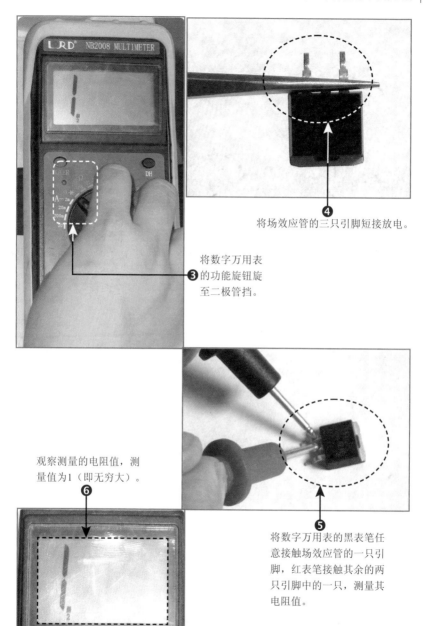

将场效应管的三只引脚短接放电。❹

❸将数字万用表的功能旋钮旋至二极管挡。

观察测量的电阻值，测量值为1（即无穷大）。❻

❺将数字万用表的黑表笔任意接触场效应管的一只引脚，红表笔接触其余的两只引脚中的一只，测量其电阻值。

图7-8 用数字万用表测量主板中的场效应管的方法（续）

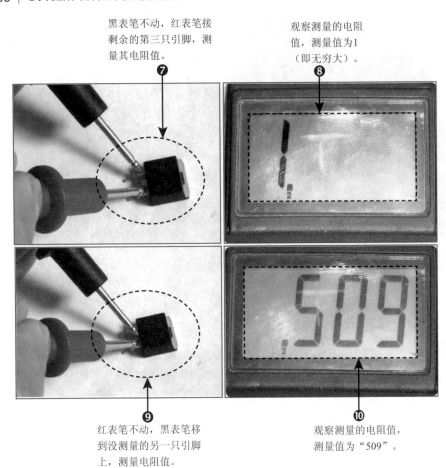

黑表笔不动，红表笔接剩余的第三只引脚，测量其电阻值。 ❼

观察测量的电阻值，测量值为1（即无穷大）。 ❽

红表笔不动，黑表笔移到没测量的另一只引脚上，测量电阻值。 ❾

观察测量的电阻值，测量值为"509"。 ❿

图7-8　用数字万用表测量主板中的场效应管的方法（续）

测量结论：由于三次测量的阻值中，有两组电阻值为1，另一组电阻值在300~800之间，因此可以判断此场效应管正常。

提示
如果其中有一组数据为0，则场效应管被击穿。

7.4.2　用指针万用表检测液晶显示器电路中的场效应管现场实操

用指针万用表检测液晶显示器电路中的场效应管的方法如图7-9所示。

将场效应管从主板中
卸下，并清洁场效应
管的引脚，去除引脚
上的污物，确保测量
时的准确性。❷

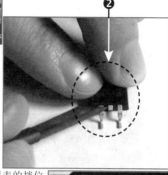

观察场效应管，看待测场
效应管是否损坏，有无烧
焦或针脚断裂等情况。❶

将指针万用表的挡位
调到"R×10k"挡。
然后将两表笔短接，
旋转调零旋钮使表指
针调到零刻度。❸

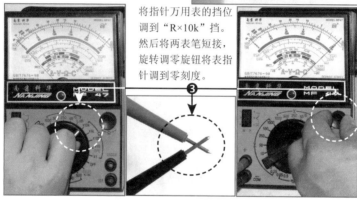

将指针万用表的黑表笔任意
接触场效应管一只引脚，红
表笔去接触其余的两只引脚
中的一只。❹

测量表指针，发现测量
的电阻值为"6 kΩ"。❺

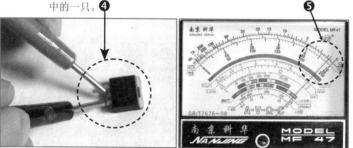

图7-9 用指针万用表检测液晶显示器电路中的场效应管的方法

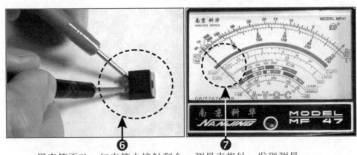

黑表笔不动，红表笔去接触剩余
的第三只引脚，测量其阻值。

测量表指针，发现测量
的电阻值为无穷大。

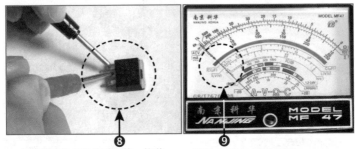

由于测量的电阻值不相等，接着
将黑表笔换一只引脚，红表笔去
接触其余的两只引脚中的一只。

测量表指针，发现测量
的电阻值为无穷大。

黑表笔不动，红表笔去接触剩
余的第三只引脚，测量其阻值。

测量表指针，发现测
量的电阻值为无穷大。

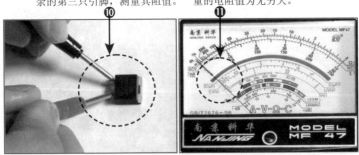

结论1： 由于两次测得的电阻值相等，因此可以判断黑表笔
所接触的电极为栅极G，其余两电极分别为漏极D和源极S。

图7-9　用指针万用表检测液晶显示器电路中的场效应管的方法（续）

将两只表笔分别接在漏极D和源极S的引脚上，测量其电阻值。

测量表指针，发现测量的电阻值为6 kΩ。

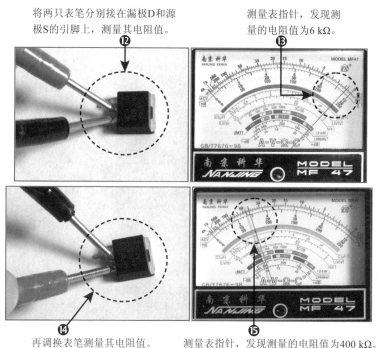

再调换表笔测量其电阻值。

测量表指针，发现测量的电阻值为400 kΩ。

结论2：在两次测量中，电阻值为"6k"的一次（较小的一次）测量中，黑表笔接的是源极S，红表笔接的是漏极D。

将指针万用表的黑表笔接漏极D，红表笔接源极S，G极悬空，然后用手指触摸栅极G。

测量中发现万用表的指针发生较大的偏转。

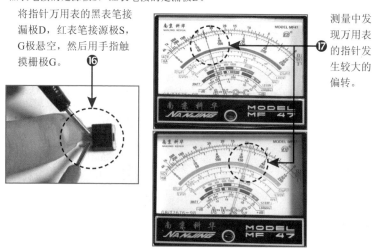

图7-9 用指针万用表检测液晶显示器电路中的场效应管的方法（续）

测量结论：由于测量场效应管时，指针万用表的表针有较大偏转，因此可以判断此场效应管正常。

第8章

变压器常见故障检测与维修实操

　　变压器（Transformer）是利用电磁感应的原理来改变交流电压的装置，它可以把一种电压的交流电能转换成相同频率的另一种电压的交流电，变压器主要由初级线圈、次级线圈和铁心（磁心）组成。生活中变压器无处不在，大到工业用电、生活用电等的电力设备，小到手机、各种家电、计算机等的供电电源都会用到变压器。

　　我们身边常见的变压器主要有电源变压器、音频变压器、升压变压器、电力变压器、高频变压器等。图8-1所示为电路中常见的变压器。

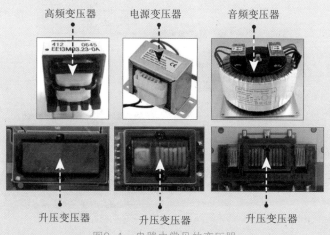

图8-1　电路中常见的变压器

8.1 从电路板和电路图中识别变压器

8.1.1 从电路板中识别变压器

变压器是电路中常用的元器件之一，在电源电路中被广泛使用。图8-2所示为电路中的变压器。

电源变压器是小型电器设备的电源中常用的元器件之一，可以实现功率传送、电压变换和绝缘隔离。当一交流电流流于其中之一组线圈时，另一组线圈中将感应出具有相同频率之交流电压。

升压变压器，用来把低数值的交变电压变换为同频率的另一较高数值交变电压的变压器。其在高频领域应用较广，如逆变电源等。

音频变压器是工作在音频范围的变压器，又称低频变压器。工作频率范围一般为10~20 000 Hz。音频变压器在工作频带内频率响应均匀，其铁心由高导磁材料叠装而成，原、副绕组耦合紧密，这样穿过原绕组的磁通几乎全部与副绕组相连，耦合系数接近1。

图8-2 电路中的变压器

8.1.2 从电路图中识别变压器

维修电路时，通常需要参考电器设备的电路原理图来查找问题，下面结合电路图来识别电路图中的变压器。变压器一般用"T"、"TR"等文字符号来表示。表8-1所示为常见变压器的电路图形符号。图8-3所示为电路图中的变压器。

表8-1 常见变压器电路符号

单二次绕组变压器	多次绕组变压器	二次绕组带中心轴头变压器

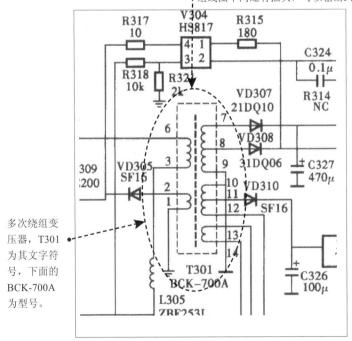

变压器中间的虚线表示变压器初级线圈和次级线圈之间设有屏蔽层。变压器的初级线圈有两组线圈可以输入两种交流电压，次级线圈有3组线圈，并且其中两组线圈中间还有抽头，可以输出5种电压。

多次绕组变压器，T301为其文字符号，下面的BCK-700A为型号。

图8-3 电路图中的变压器

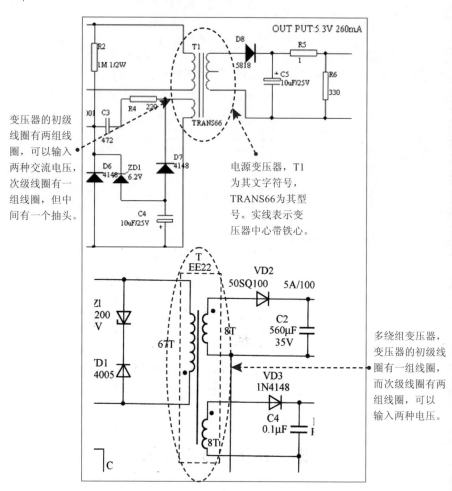

变压器的初级
线圈有两组线
圈，可以输入
两种交流电压，
次级线圈有一
组线圈，但中
间有一个抽头。

电源变压器，T1
为其文字符号，
TRANS66为其型
号。实线表示变
压器中心带铁心。

多绕组变压器，
变压器的初级线
圈有一组线圈，
而次级线圈有两
组线圈，可以
输入两种电压。

图8-3　电路图中的变压器（续）

8.2　变压器常见故障诊断

8.2.1　变压器断路故障诊断

无论是初级线圈还是次级线圈断路，变压器次级线圈都会无电压输出。变压器断路时无输出电压，初级线圈输入电流很小或无输入电流。变压器断路故障诊断方法如图8-4所示。

（1）产生断路的主要原因很多，如外部引线断线、引线与焊片脱焊、线包经碰撞断线和受潮后发生内部霉断等。

（2）变压器断路故障一般引出线断线最常见，应该细心检查，把断线处重新焊接好。如果是内部断线或外部都能看出有烧毁的痕迹，那只能换新件或重绕。

图8-4 变压器断路故障诊断方法

8.2.2 电源变压器短路故障诊断

变压器短路故障一般由变压器线圈的绝缘不好造成，当变压器绕组发生短路时，所产生的现象是变压器温度过高、有焦臭味、冒烟、输出电压降低、输出电压不稳定等。若发现这些现象时，则应立即切断电源，进行检查。

电源变压器短路故障诊断方法如图8-5所示。

（1）切断变压器的一切负载，接通电源，看变压器的空载温升，如果温升较高（烫手），说明一定是内部局部短路。如果接通电源15~30 mim，温升正常，说明变压器正常。

（2）在变压器电源回路内串接一只1 000 W灯泡，接通电源时，灯泡只发微红，表明变压器正常；如果灯泡很亮或较亮，表明变压器内部有局部短路现象。

图8-5 电源变压器短路故障诊断方法

8.2.3 变压器响声大故障诊断

变压器响声大故障诊断方法如图8-6所示。

变压器正常工作的时候应该听不到特别大的响声，如果有响声，说明变压器的铁心没有固定紧，或者变压器过载。对于这种故障应减小负载来诊断。如果故障依旧，就需要断电检查铁心。

图8-6 变压器响声大故障诊断方法

8.3 变压器的检测方法

8.3.1 通过观察外观来检测变压器

通过观察外观来检测变压器的方法如图8-7所示。

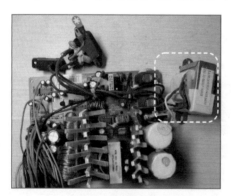

（1）检查变压器外观是否有破损，观察线圈引线是否断裂、脱焊，绝缘材料是否有烧焦痕迹，铁心紧固螺杆是否有松动，硅钢片有无锈蚀，绕组线圈是否外露等。如果有这些现象，说明变压器有故障。

（2）同时在空载加电后几十秒之内用手触摸变压器的雾铁心，如果有烫手的感觉，则说明变压器有短路点存在。

图8-7 通过观察外貌来检测变压器的方法

8.3.2 通过测量绝缘性检测变压器

通过测量绝缘性检测变压器的方法如图8-8所示。

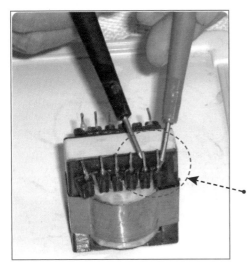

变压器的绝缘性测试是判断变压器故障的一种好的方法。测试绝缘性时，将指针万用表的挡位调到"R×10k"挡。然后分别测量铁心与初级、初级与各次级、铁心与各次级、静电屏蔽层与初次级、次级各绕组间的电阻值。如果指针万用表指针均指在无穷大位置不动，说明变压器正常。否则，说明变压器绝缘性能不良。

图8-8 通过测量绝缘性检测变压器的方法

8.3.3 通过检测线圈通/断检测变压器

通过检测线圈通/断检测变压器的方法如图8-9所示。

如果变压器内部线圈发生断路，变压器就会损坏。检测时，将指针万用表调到"R×1"挡进行测试。如果测量某个绕组的电阻值为无穷大，则说明此绕组有断路性故障。

图8-9 通过检测线圈通/断检测变压器的方法

8.4 变压器的代换方法

电源变压器的代换方法如图8-10所示。

（1）当电源变压器损坏后，可以选用铁心材料、输出功率、输出电压相同的电源变压器代换。在选择电源变压器时，要与负载电路相匹配，电源变压器应留有功率余量，输出电压应与负载电路供电部分的交流输入电压相同。

（2）对于一般电源电路，可选用"E"型铁心电源变压器。对于高保真音频功率放大器的电源电路，则应选用"C"型变压器或环型变压器。

图8-10　电源变压器的代换方法

8.5 打印机电路中电源变压器现场检测实操

各电路中的变压器检测方法基本相同，下面以打印机电路中变压器为例进行讲解。打印机电路中常用的变压器为电源变压器，电源变压器一般采用开路检测。

打印机电路中变压器的测量方法如图8-11所示。

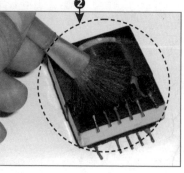

将待测电源变压器从电路板上焊下，并清洁变压器的引脚，去除引脚下的污物，确保测量时的准确性。❷

将打印机电路板的电源断开，对电源变压器进行观察，看待测变压器是否损坏，有无烧焦、虚焊等情况。❶

图8-11　打印机电路中变压器的测量方法

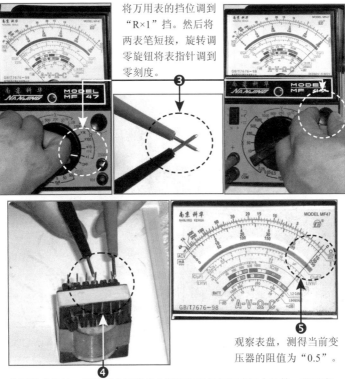

将万用表的挡位调到"R×1"挡。然后将两表笔短接，旋转调零旋钮将表指针调到零刻度。

观察表盘，测得当前变压器的阻值为"0.5"。

将万用表的红、黑表笔分别搭在电源变压器的初级绕组中的第一组引脚上（测量的电源变压器初级绕组有11个引脚，其内部包含5个初级绕组）。

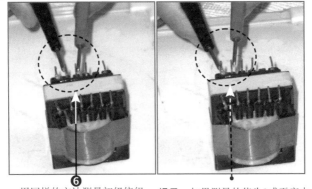

用同样的方法测量初级绕组的其他两组初级绕组，测量值分别为"1"和"1.5"。

提示： 如果测量的值为0或无穷大，则说明此绕组短路或断路。

结论1： 由于初级绕组中的3个绕组的电阻值为固定值，因此可以判断此变压器的初级绕组正常。

图8-11 打印机电路中变压器的测量方法（续）

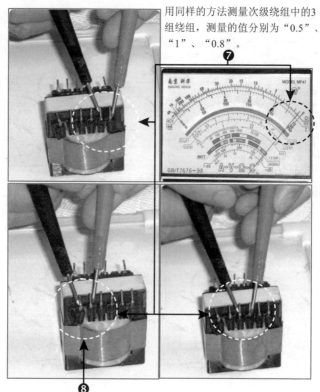

用同样的方法测量次级绕组中的3组绕组，测量的值分别为"0.5"、"1"、"0.8"。❼

测量完初级和次级绕组后，将万用表调到欧姆挡的"R×10k"挡，并进行调零校正。然后用万用表分别测量初级绕组和次级绕组与铁心间的绝缘电阻，测量的阻值均为无穷大，具体操作细节不再赘述。

结论2： 由于次级绕组中的3个绕组的电阻值为固定值，因此可以判断此变压器的次级绕组正常。

图8-11　打印机电路中变压器的测量方法（续）

测量结论：由于初级绕组和次级绕组与铁心间的绝缘电阻均为无穷大，说明变压器的绝缘性正常。

第9章

晶振常见故障检测与维修实操

晶振是晶体振荡器（有源晶振）和晶体谐振器（无源晶振）的统称，其作用在于产生原始的时钟频率，时钟频率经过频率发生器的放大或缩小后就成了电路中各种不同的总线频率。通常无源晶振需要借助时钟电路才能产生振荡信号，自身无法振荡。有源晶振是一个完整的谐振振荡器。

晶振是一种能把电能和机械能相互转化的晶体，在通常工作条件下，普通的晶振频率绝对精度可达 50%，可以提供稳定、精确的单频振荡。利用该特性，晶振可以提供较稳定的脉冲，被广泛应用于微芯片时钟电路里。晶片多为石英半导体材料，外壳用金属封装。图 9-1 所示为电路中常见的晶振。

图9-1　电路中常见的晶振

9.1 从电路板和电路图中识别晶振

9.1.1 从电路板中识别晶振

晶振是电路中常见的元器件之一，在电路中被广泛使用。图9-2所示为电路中的晶振。

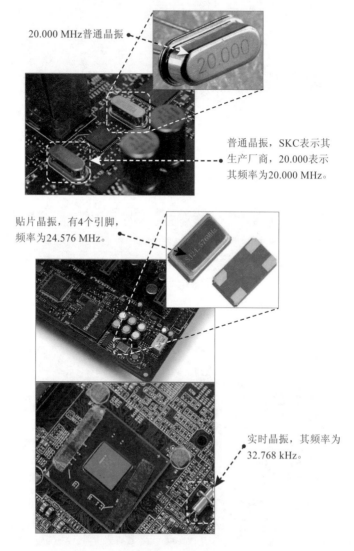

20.000 MHz普通晶振

普通晶振，SKC表示其生产厂商，20.000表示其频率为20.000 MHz。

贴片晶振，有4个引脚，频率为24.576 MHz。

实时晶振，其频率为32.768 kHz。

图9-2 电路中的晶振

9.1.2　从电路图中识别晶振

维修电路时，通常需要参考电器设备的电路原理图来查找问题，下面结合电路图来识别电路图中的晶振。晶振一般用"X"、"Y"、"G"等文字符号来表示。表9-1所示为常见晶振的电路图形符号。图9-3所示为电路图中的晶振。

表9-1　常见晶振电路符号

两端晶振	两端晶振	三端晶振

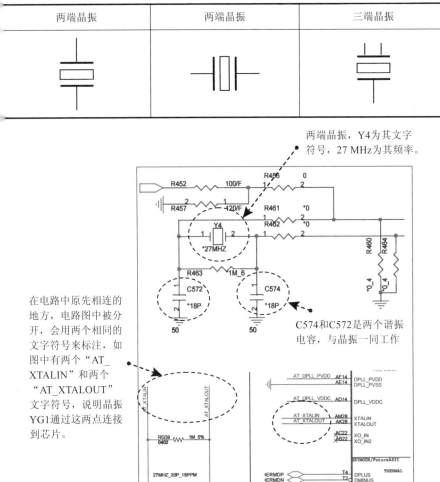

两端晶振，Y4为其文字符号，27 MHz为其频率。

在电路中原先相连的地方，电路图中被分开，会用两个相同的文字符号来标注，如图中有两个"AT_XTALIN"和两个"AT_XTALOUT"文字符号，说明晶振YG1通过这两点连接到芯片。

C574和C572是两个谐振电容，与晶振一同工作

图9-3　电路图中的晶振

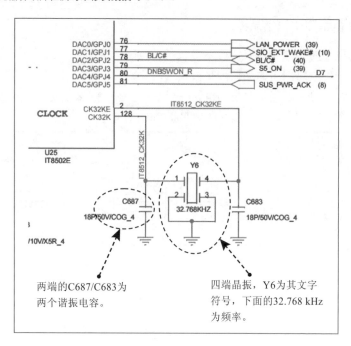

两端的C687/C683为
两个谐振电容。

四端晶振，Y6为其文字
符号，下面的32.768 kHz
为频率。

图9-3　电路图中的晶振（续）

9.2　晶振常见故障诊断

9.2.1　晶振内部漏电故障诊断

晶振内部漏电故障诊断如图9-4所示。

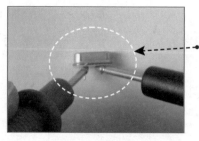

这类故障比较容易进行检测，
可用万用表欧姆挡"R×10k"
进行检测，若检测到待测晶
振的电阻为无穷大，说明该
晶振正常；若其阻值则为0
或者阻值接近0说明该晶振
内部漏电。

图9-4　晶振内部漏电故障诊断

9.2.2 晶振内部开路故障诊断

晶振内部开路故障诊断方法如图9-5所示。

（2）晶振出现内部开路的故障时，用万用表测其电阻值，测量值可能是无穷大，但是这不表示该晶振没有问题。

（1）内部开路的晶振在电路中是不能产生振荡脉冲的。如果用专业的测试仪器来测量振荡脉冲，测试仪器上会显示为OPEN，这说明晶振内部开路。

图9-5 晶振内部开路故障诊断方法

9.2.3 晶振频偏故障诊断

频偏是指出现晶振时钟频率偏离其标称值的时钟频率，频偏时晶振还有振荡脉冲，但是振荡脉冲的数量会出现错误，其所在的系统电路也不能正常工作。晶振频偏故障诊断方法如图9-6所示。

当电路工作频率不正常时，可以用示波器或频率仪进行测量。如果电路中心频率正偏时，可以增加晶振外接谐振电容的值。如果电路中心频率负偏时，可以减少晶振外接谐振电容的值。如果晶振被摔，发生频偏，直接更换晶振即可。

图9-6 晶振频偏故障诊断方法

9.3 晶振的检测方法

9.3.1 通过万用表欧姆挡检测晶振

通过万用表欧姆挡检测晶振的方法如图9-7所示。

实操视频　即扫即看

将指针万用表调到欧姆挡的"R×10k"挡，并进行调零。
❶

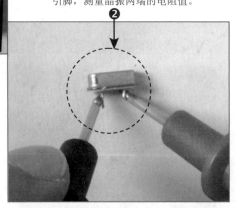

将指针万用表两表笔接晶振两个引脚，测量晶振两端的电阻值。
❷

图9-7　检测晶振两脚阻值

测量结论：若测量值为无穷大，可能正常；若阻值很小，则晶振内部可能短路或漏电。

提示

可以通过在路检测晶振两只引脚的对地阻值判断，如果对地阻值很小（小于50Ω），则可能与晶振连接的谐振电容或控制芯片损坏。

9.3.2 通过测量晶振电压检测晶振

通过测量晶振电压检测晶振的方法如图9-8所示。

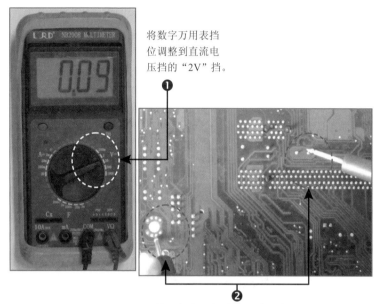

将数字万用表挡位调整到直流电压挡的"2V"挡。

❶

❷

然后在路测量晶振的两个引脚的对地电压，并比较它们之间的电压差。正常情况下，两次测量的电压应有一个压差（零点几伏的压差），如果两次测量的结果完全一样或相差非常小，说明该晶振已发生损坏。

图9-8 通过测量晶振电压检测晶振的方法

9.4 晶振的代换方法

由于晶振的工作频率及所处的环境温度普遍都比较高，所以晶振比较容易出现故障。通常在代换晶振时都要用同型号、同规格的新品进行代换，因为相关一部分电路对晶振的要求都是非常严格的，否则将无法正常工作。如图9-9

所示。

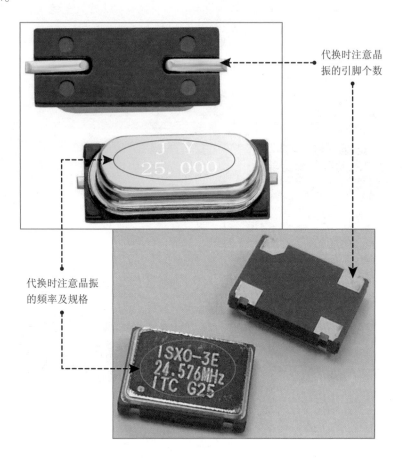

代换时注意晶振的引脚个数

代换时注意晶振的频率及规格

图9-9　晶振代换

9.5 不同电路中晶振现场检测实操

9.5.1 主板电路中晶振现场检测实操（电压法）

检测晶振的故障可以通过阻值或频率来判断，也可以通过两引脚的电压来判断。下面详细讲解通过测量晶振引脚的电压检测晶振故障的方法。

晶振两脚对地电压检测方法如图9-10所示。

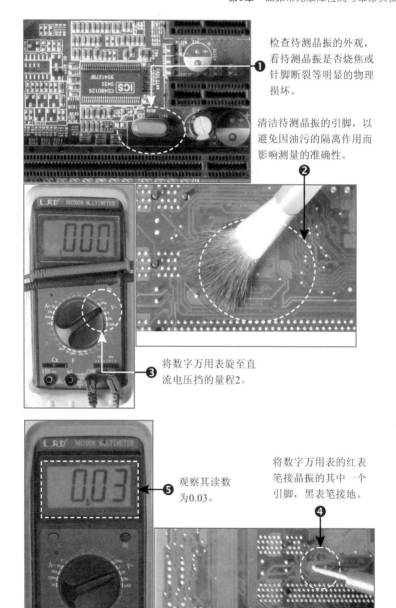

检查待测晶振的外观，看待测晶振是否烧焦或针脚断裂等明显的物理损坏。

清洁待测晶振的引脚，以避免因油污的隔离作用而影响测量的准确性。

将数字万用表旋至直流电压挡的量程2。

将数字万用表的红表笔接晶振的其中一个引脚，黑表笔接地。

观察其读数为0.03。

图9-10 晶振两脚对地电压检测方法

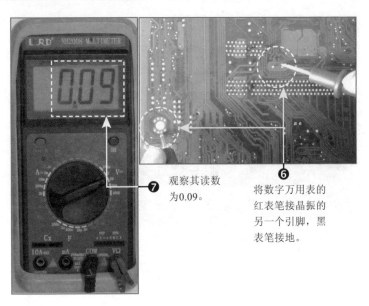

观察其读数
为0.09。

⑦

⑥
将数字万用表的
红表笔接晶振的
另一个引脚，黑
表笔接地。

图9-10　晶振两脚对地电压检测方法（续）

　　测量结论：由于两次测量的电压差为0.06，说明晶振正常。如果两次测量的结果完全一样，说明该晶振已经损坏。

9.5.2　声卡电路中晶振现场检测实操（电阻法）

　　本例中将用指针万用表开路检测晶振的电阻值，通过电阻值来判断晶振的故障。

　　用指针万用表开路检测晶振的方法如图9-11所示。

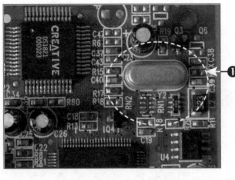

❶
检查待测晶振是否烧
焦或针脚断裂等明显
的物理损坏。

图9-11　用指针万用表开路检测晶振的方法

用电烙铁将待测晶振从电路板上焊下，将晶振的两引脚清洁干净，以避免污物的隔离作用而影响检测的结果。

将万用表的挡位调到"R×10k"挡。然后将两表笔短接，旋转调零旋钮将表指针调到零刻度。

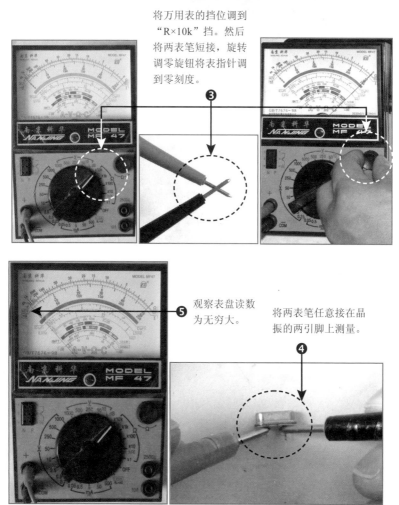

观察表盘读数为无穷大。

将两表笔任意接在晶振的两引脚上测量。

图9-11　用指针万用表开路检测晶振的方法（续）

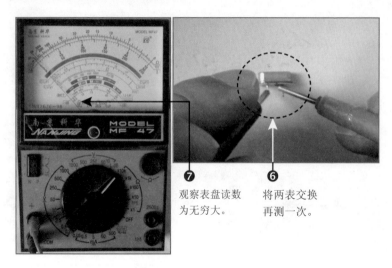

❼ 观察表盘读数
为无穷大。

❻ 将两表交换
再测一次。

图9-11　用指针万用表开路检测晶振的方法（续）

测量结论：两次所测的结果均应为无穷大，说明晶振未发生漏电或短路故障。

第10章

集成电路常见故障检测与维修实操

集成电路（integrated circuit）是一种微型电子器件或部件。采用一定的工艺，把一个电路中所需的晶体管、电阻器、电容器和电感器等元件及布线互连一起，制作在一小块或几小块半导体晶片或介质基片上，然后封装在一个管壳内，成为具有所需电路功能的微型结构。集成电路通常是一个电路中最重要的元件，它影响着整个电路的正常运行。图10-1所示为电路中常见的集成电路。

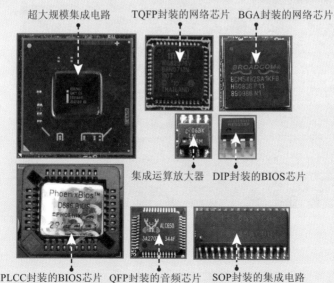

超大规模集成电路　　TQFP封装的网络芯片　BGA封装的网络芯片

集成运算放大器　DIP封装的BIOS芯片

PLCC封装的BIOS芯片　QFP封装的音频芯片　SOP封装的集成电路

图10-1　电路中常见的集成电路

10.1 从电路板和电路图中识别集成电路

10.1.1 从电路板中识别集成电路

集成电路是电路中重要的元器件之一，在电路中被广泛使用。图10-2所示为电路中的集成电路。

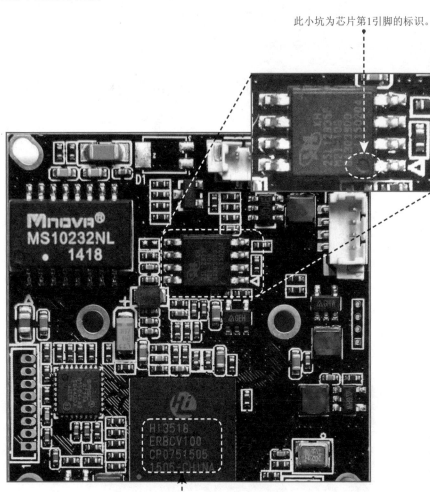

此小坑为芯片第1引脚的标识。

芯片上的文字为芯片的型号、厂商、生产日期等信息。

图10-2 电路中的集成电路

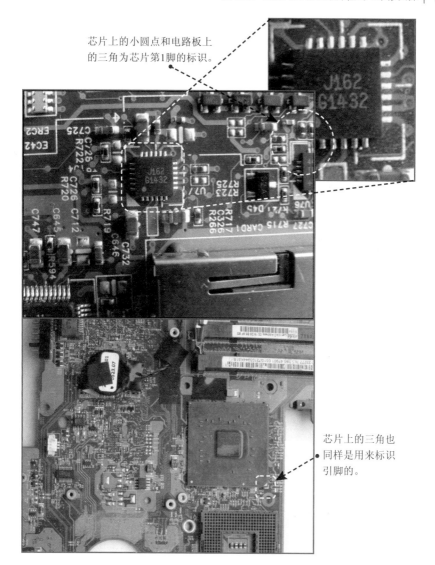

芯片上的小圆点和电路板上的三角为芯片第1脚的标识。

芯片上的三角也同样是用来标识引脚的。

图10-2 电路中的集成电路（续）

0.1.2 从电路图中识别集成电路

维修电路时，通常需要参考电器设备的电路原理图来查找问题，下面结合电路图来识别电路图中的集成电路。集成电路一般用"X"、"Y"、"G"等字符号来表示。表10-1所示为常见集成电路的电路图形符号。图10-3所示为电路图中的集成电路。

表10-1　常见集成电路电路符号

集成电路	多端稳压器	集成运算放大器
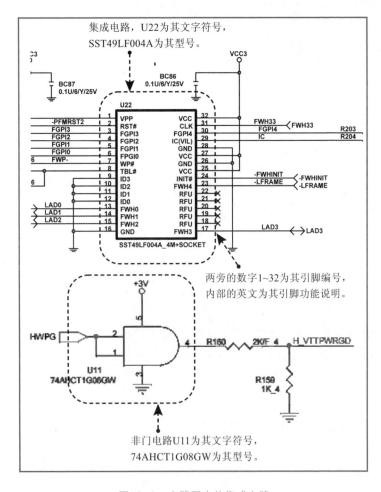		

图10-3　电路图中的集成电路

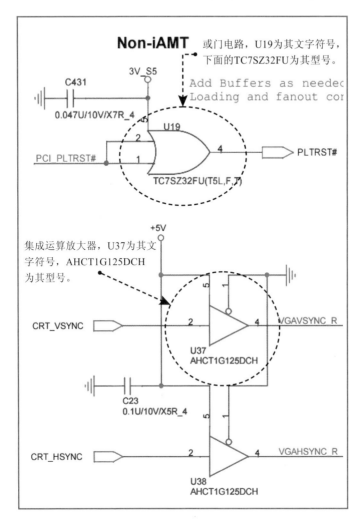

图10-3 电路图中的集成电路（续）

10.2 集成电路的引脚分布

在集成电路的检测、维修、替换过程中，经常需要对某些引脚进行检测。
对引脚进行检测，首先对引脚进行正确的识别，必须结合电路图能找到实物集
成电路上相对应的引脚。无论哪种封装形式的集成电路，引脚排列都有一定的

排列规律，可以依靠这些规律迅速进行判断。

10.2.1　DIP封装、SOP封装的集成电路的引脚分布规律

DIP封装、SOP封装的集成电路的引脚分布规律如图10-4所示。

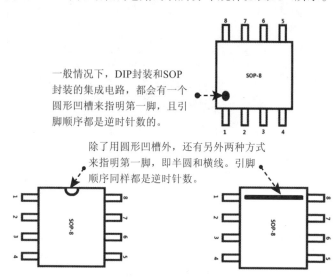

一般情况下，DIP封装和SOP封装的集成电路，都会有一个圆形凹槽来指明第一脚，且引脚顺序都是逆时针数的。

除了用圆形凹槽外，还有另外两种方式来指明第一脚，即半圆和横线。引脚顺序同样都是逆时针数的。

图10-4　DIP封装、SOP封装的集成电路的引脚分布规律

10.2.2　TQFP封装的集成电路的引脚分布规律

TQFP封装的集成电路的引脚分布规律如图10-5所示。

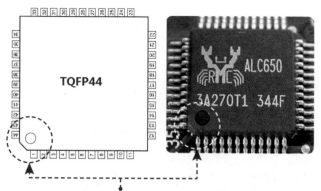

TQFP封装的集成电路，会有一个圆形凹槽或圆点来指明第一脚，这种封装的集成电路四周都有引脚，且引脚顺序都是逆时针数的。

图10-5　TQFP封装的集成电路的引脚分布规律

10.2.3　BGA封装的集成电路的引脚分布规律

BGA封装的集成电路的引脚分布规律如图10-6所示。

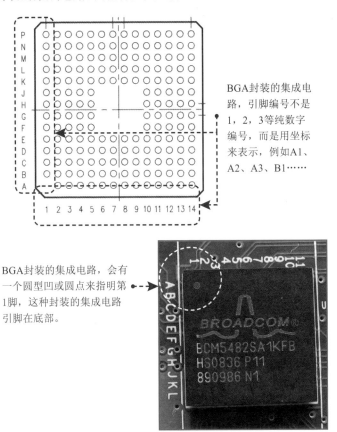

BGA封装的集成电路，引脚编号不是1，2，3等纯数字编号，而是用坐标来表示，例如A1、A2、A3、B1……

BGA封装的集成电路，会有一个圆型凹或圆点来指明第1脚，这种封装的集成电路引脚在底部。

图10-6　BGA封装的集成电路的引脚分布规律

10.3　集成电路常见故障诊断

电路中的集成电路一般会出现集成电路烧坏、引脚损坏或虚焊、内部局部电路损坏等故障。下面分别进行分析。

10.3.1　集成电路被烧坏故障诊断

集成电路被烧坏故障诊断方法如图10-7所示。

（1）集成电路烧坏故障通常由过电压或过电流引起。集成电路烧坏后，从外表一般看不出明显的痕迹。严重时，集成电路可能会有烧出一个小洞或有一条裂纹之类的痕迹。

（2）集成电路烧坏后，某些引脚的直流工作电压也会明显变化，用常规方法检查能发现故障部位。

（3）集成电路烧坏是一种硬性故障，对这种故障的检修很简单：只能更换。

图10-7　集成电路被烧坏故障诊断方法

10.3.2　集成电路引脚虚焊故障诊断

集成电路引脚折断和虚焊故障诊断如图10-8所示。

集成电路的引脚虚焊故障是常见现象，可能由于灰尘腐蚀或震荡造成引脚和电路板接触不良。对于此类故障通常用加焊锡的方法进行处理。

图10-8　集成电路引脚折断和虚焊故障诊断

10.3.3　集成电路内部局部电路损坏故障诊断

集成电路内部局部电路损坏故障诊断方法如图10-9所示。

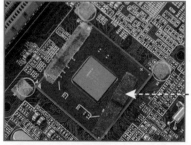

当集成电路内部局部电路损坏时，相关引脚的直流电压会发生很大变化，检修中测量其电压很容易发现故障部位。对这种故障，通常应更换集成电路。

图10-9　集成电路内部局部电路损坏故障诊断方法

10.4　集成电路的检测方法

10.4.1　集成电路通用检测方法

1. 电压检测法

电压检测法是指通过万用表的直流电压挡，来测量电路中相关针脚的工作电压，根据检测结果和标准电压值做比较来判断集成电路是否正常的检测方法。测量时集成电路的应正常通电，但不能有输入信号。

电压检测法检测集成电路的方法如图10-10所示。

图10-10　电压检测法检测集成电路的方法

如果测量结果和标准电压值有很大差距，则需要进一步对外围器件进行测量，以做出合理的判断。

2. 电阻检测法

电阻检测法检测集成电路的方法如图10-11所示。

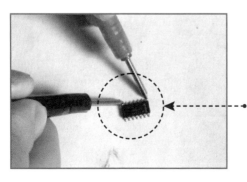

电阻检测法是一种通过检测集成电路各个引脚与接地引脚之间的正、反电阻值，然后和完好的集成电路芯片进行比较，以判断集成电路是否正常的方法。

图10-11　电阻检测法检测集成电路的方法

3. 代换检测法

代换检测法检测集成电路的方法如图10-12所示。

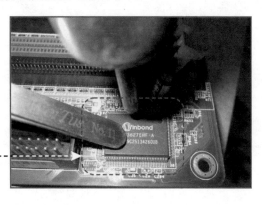

代换检测法是将原型号好的集成电路安装替换掉原先的集成电路然后进行测试。若电路故障消失，说明原集成电路有问题；若电路故障依旧，则说明故障不在此集成电路上。

图10-12　代换检测法检测集成电路的方法

10.4.2　集成稳压器的检测方法

集成稳压器主要通过测量引脚间的电阻值和稳压值来判断故障。

实操视频　即扫即看

1. 电阻检测法

电阻检测法主要通过测量引脚间的电阻值来判断故障，具体方法如图10-13所示。

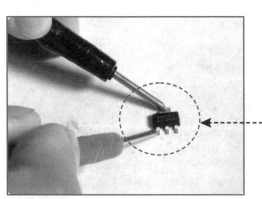

用数字万用表的二极管挡，分别去测量集成稳压器GND引脚（中间引脚）与其他两个引脚间的阻值。

图10-13　电阻检测法检测集成稳压器的方法

正常情况下，应该有较小的阻值。如果阻值为0，说明集成稳压器发生短路故障；如果阻值为无穷大，说明集成稳压器发生开路故障。

2. 测稳压值法

测稳压值法检测集成稳压器的方法如图10-14所示。

首先将万用表功能旋钮调到直流电压挡的"10"或"50"挡（根据集成稳压器的输出电压大小选择挡位）。然后将集成稳压器的电压输入端与接地端之间加上一个直流电压（不得高于集成电路的额定电压，以免烧毁）。

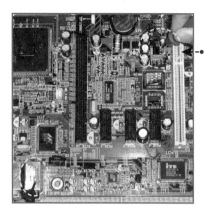

将万用表的红表笔接集成稳压器的输出端，黑表笔接地，测量集成稳压器输出的稳压值。

图10-14　测稳压值法检测集成稳压器的方法

如果测得输出的稳压值正常，证明该集成稳压器基本正常；如果测得的输出稳压值不正常，那么表明该集成稳压器已损坏。

10.4.3　集成运算放大器的检测方法

集成运算放大器的检测方法如图10-15所示。

用万用表直流电压挡的"10"挡，测量集成运算放大器的输出端与负电源端之间的电压值。

在静态时电压值会相对较高。用金属镊子依次点触集成运算放大器的两个输入端，给其施加干扰信号。

图10-15　集成运算放大器的检测方法

如果万用表的读数有较大的变动，说明该集成运算放大器是完好的；如果万用表读数没变化，说明该集成运算放大器已经损坏。

10.4.4 数字集成电路的检测方法

数字集成电路的检测方法如图10-16所示。

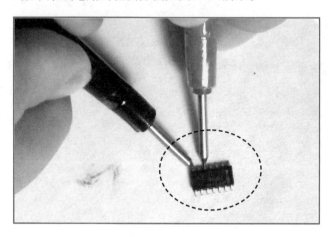

选用数字万用表的二极管挡，分别测量集成电路各引脚对地的正、反向电阻值，并测出已知正常的数字集成电路的各引脚对地间的正、反向电阻，与之进行比较。

图10-16　数字集成电路的检测方法

如果测量的电阻值与正向的各电阻值基本保持一致，则该数字集成电路正常；否则，说明该数字集成电路已损坏。

10.5 集成电路的代换方法

集成电路的代换主要分为直接代换和非直接代换两种方法：

（1）直接代换法是指将其他集成电路不经任何改动而直接替换原来的集成电路，代换后不能影响机器的主要性能与指标。代换集成电路其功能（逻辑极性不可改变）、引脚用途、封装形式、性能指标、引脚序号和间隔等几方面均相同。

（2）非直接代换是指将不能进行直接代换的集成电路外围稍加修改，使外围引脚排列顺序与新的集成器件引脚排列顺序相对应，使之成为可代换的集成电路。

> **注意**
>
> 同一型号集成电路代换时，要注意安装方向不要搞错，否则，通电时集成电路很可能被烧毁。

10.6 不同类型集成电路现场检测实操

10.6.1 笔记本电脑电路中集成稳压器现场检测实操（电阻法）

通过检测集成稳压器引脚间阻值可以判断集成稳压器是否正常。检测时可以采用数字万用表的二极管挡进行检测，也可以使用指针万用表欧姆挡的"R × 1k"挡进行检测。

使用指针万用表检测集成稳压器的方法如图10-17所示。

❶ 观察待测集成稳压器是否有烧焦或针脚断裂等明显的物理损坏。

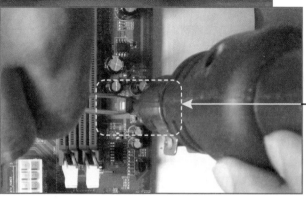

❷ 用电烙铁将待测集成稳压器卸下。

图10-17 使用指针万用表检测集成稳压器的方法

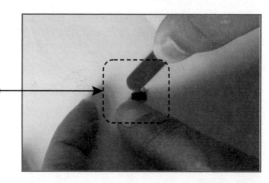

清洁集成稳压器的引脚，
去除引脚上的污物，以避
免因油污的隔离作用影响
检测结果。 ❸

将指针万用表的挡位调到
"R×1k"挡。然后将两
表笔短接，旋转调零旋钮
将表指针调到零刻度 ❹

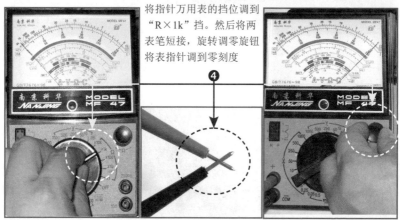

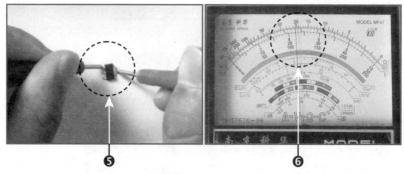

❺ 将指针万用表的黑表笔接触集成
稳压器GND引脚（中间引脚），
红表笔接触其他两个引脚中的一
个引脚测量阻值。

❻ 观察表盘，测量的
阻值为20.5 kΩ。

图10-17　使用指针万用表检测集成稳压器的方法（续）

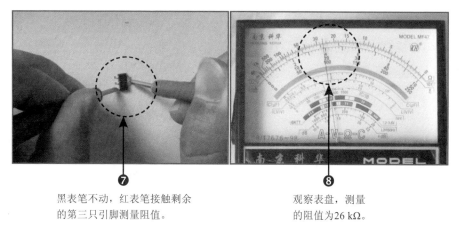

❼	❽
黑表笔不动，红表笔接触剩余 的第三只引脚测量阻值。	观察表盘，测量 的阻值为26 kΩ。

图10-17 使用指针万用表检测集成稳压器的方法（续）

测量结论：由于测量的电阻值不是"0"或者"无穷大"，因此可以判断此集成稳压器基本正常，不存在开路或短路故障。

10.6.2 主板电路中集成稳压器现场检测实操（电压法）

使用测电压的方法检测集成稳压器也是常有的方法，具体检测方法如图10-18所示。

❶ 检查待测集成稳压器的外观，看待测集成稳压器是否有烧焦或针脚断裂等明显的物理损坏。

图10-18 主板电路中集成稳压器检测方法

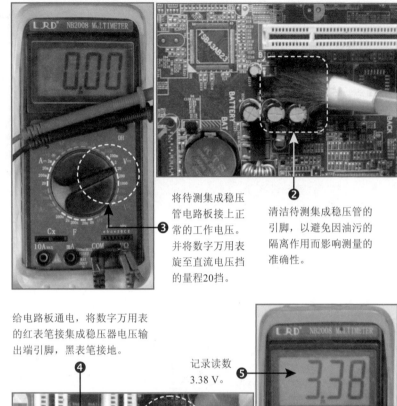

将待测集成稳压管电路板接上正常的工作电压。并将数字万用表旋至直流电压挡的量程20挡。

清洁待测集成稳压管的引脚,以避免因油污的隔离作用而影响测量的准确性。

给电路板通电,将数字万用表的红表笔接集成稳压器电压输出端引脚,黑表笔接地。

记录读数3.38 V。

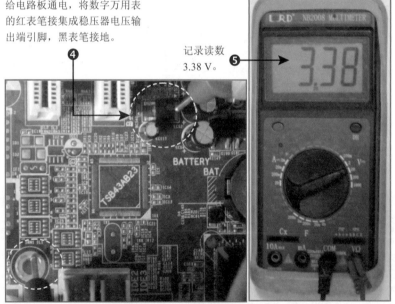

图10-18 主板电路中集成稳压器检测方法(续)

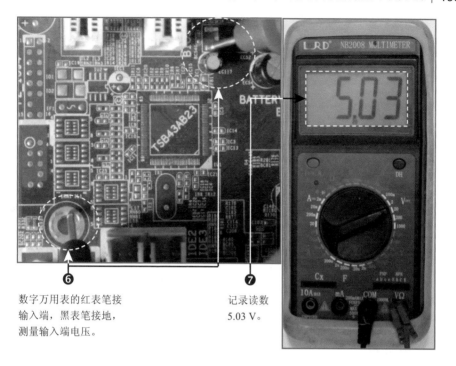

6 数字万用表的红表笔接
输入端，黑表笔接地，
测量输入端电压。

7 记录读数
5.03 V。

图10-18　主板电路中集成稳压器检测方法（续）

检测结论：由于稳压器输入端电压和输出端电压均正常，因此判断此稳压
器正常。

> 提示
>
> 　如果输入端电压正常，输出端电压不正常，则稳压器或稳压器周边的元器
> 件可能有问题。接着再检查稳压器周边的元器件，如果周边元器件正常，则稳
> 压器有问题，需更换稳压器。

10.6.3　主板电路中的集成运算放大器现场检测实操

主板中的集成运算放大器主要是双运算放大器集成电路（如LM358、
LM393等）和四运算放大器集成电路（如LM324等）。

主板中的集成运算放大器一般采用在路检测电压或开路检测各引脚间的电
阻值。下面以在路检测为例进行讲解（以LM393为例），如图10-19所示。

观察集成运算放大器，
看待测集成运算放大器
是否损坏，有无烧焦或
针脚断裂等情况。

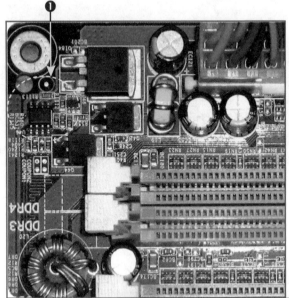

清洁集成运算放大
器的引脚，去除引
脚上的污物，测量
时的准确性。

图10-19　主板电路中的集成运算放大器检测方法

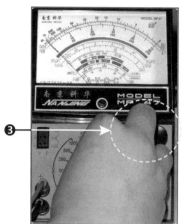

将指针万用表的功能
旋钮旋至直流电压挡
的"10 V"挡。

给主板通电，然后将万用表的黑表笔接
LM393的第4脚（负电源端），红表笔
接LM393的第1脚（输出端1）。

观察表盘，测量的电压值为"5.1 V"。

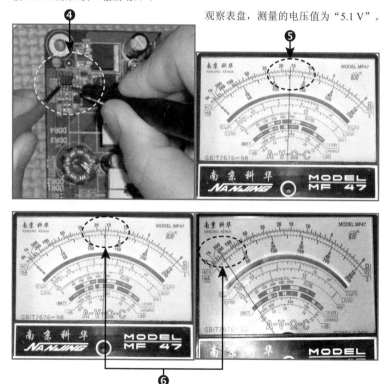

用金属镊子依次点触运算放大器的第2脚和第3脚
两个输入端（加入干扰信号）。发现指针万用表
的表针有较大幅度的摆动。

图10-19　主板电路中的集成运算放大器检测方法（续）

检测结论：由于指针万用表表针有较大幅度的摆动，说明该运算放大器LM393正常。

> **提示**
>
> 如果指针万用表表针不动，则说明运算放大器已损坏。

10.6.4 主板电路中数字集成电路的现场检测实操

电路中的数字集成电路通常采用开路检测对地电阻的方法进行检测，数字集成电路的检测方法如图10-20所示。

❶ 观察待测数字集成电路的物理形态，看待测数字集成电路是否有烧焦或针脚断裂等明显的物理损坏。

 用热风焊台将待测数字集成电路取下。

图10-20 数字集成电路的检测方法

清洁数字集成电路
的引脚，去除引脚
上的污物，以避免
因油污的隔离作用
而影响检测结果。 ❸

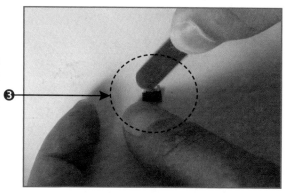

❺ 观察表盘，测量的阻值为0.511。

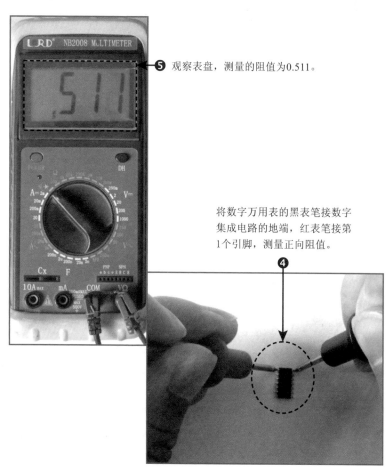

将数字万用表的黑表笔接数字
集成电路的地端，红表笔接第
1个引脚，测量正向阻值。

❹

图10-20 数字集成电路的检测方法（续）

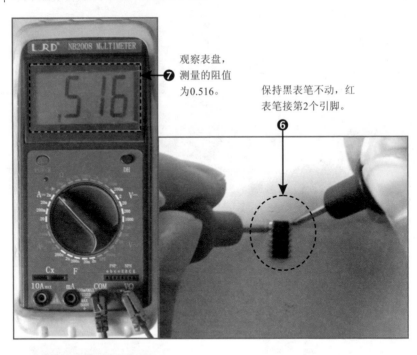

⑦ 观察表盘，测量的阻值为0.516。

保持黑表笔不动，红表笔接第2个引脚。⑥

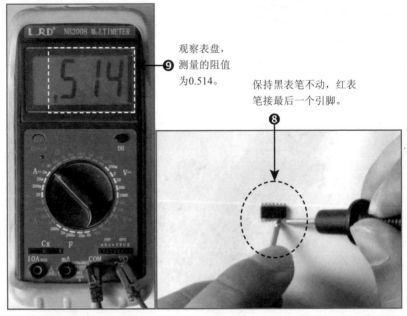

⑨ 观察表盘，测量的阻值为0.514。

保持黑表笔不动，红表笔接最后一个引脚。⑧

图10-20　数字集成电路的检测方法（续）

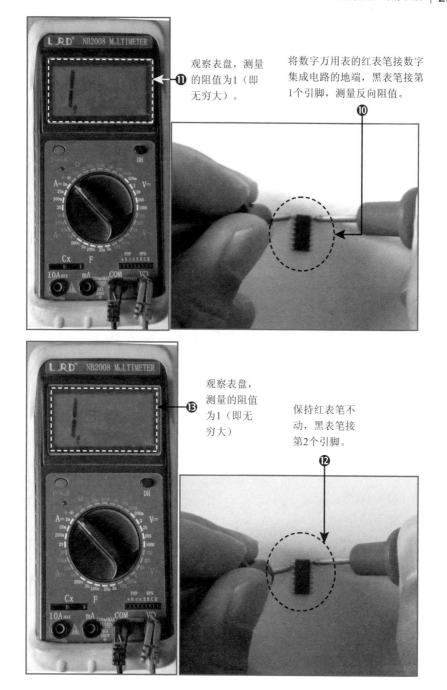

观察表盘，测量的阻值为1（即无穷大）。⑪

将数字万用表的红表笔接数字集成电路的地端，黑表笔接第1个引脚，测量反向阻值。⑩

观察表盘，测量的阻值为1（即无穷大）⑬

保持红表笔不动，黑表笔接第2个引脚。⑫

图10-20 数字集成电路的检测方法（续）

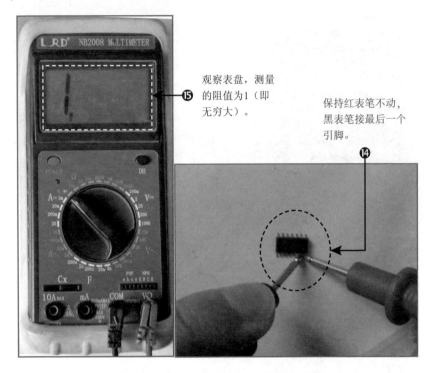

观察表盘，测量的阻值为1（即无穷大）。

保持红表笔不动，黑表笔接最后一个引脚。

图10-20　数字集成电路的检测方法（续）

检测结论：由于测得接地端到其他引脚间的正向阻值均为固定值，反向阻值均为无穷大，因此该数字集成电路功能正常。

第 11 章

基本单元电路检测维修

电子电路本身有很强的规律性，不管多复杂的电路，经过分析可以发现，它是由少数几个单元电路组成的。好象孩子们玩的积木，虽然只有几十块不同形状的木块，可是在孩子们手中却可以搭成几十乃至几百种平面图形或立体模型。同样道理，再复杂的电路，经过分析就可发现，它也是由少数几个单元电路组成的。因此初学者只要先熟悉常用的基本单元电路，再学会分析和分解电路的本领，看懂一般的电路图应该是不难的。

11.1 整流滤波电路检测维修

我们知道，日常生活中普遍使用的市电是220 V的正弦波交流电。交流市电的特性是：有效值为220 V，峰值等于有效值的$\sqrt{2}$倍，频率为50 Hz，周期（T）是0.02 s（秒）。而绝大多数电子设备使用的是低压直流电，所以，交流市电必须要经过降压，再经变换成为直流电，才能用于电子设备。在电路中，将交流电压（电流）变换为单向脉动直流电压（电流）的过程称为整流，通常称为AC-DC转换。下面将分析整流滤波电路。

11.1.1 单相半波整流滤波电路

1. 半波整流

半波整流主要由变压器T、整流二极管D和负载R_L组成。半波整流的电路工作原理如图11-1所示。

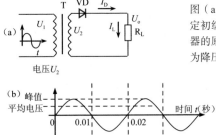

图（a）为半波整流电路，T为电源变压器，假定初级接入220 V交流市电电压U_1，利用变压器的原理在次级得到交流电压U_2（假定变压器为降压），其波形如图（b）所示。

从波形图中可以看到，正负极性、幅值随时间变化，U_2为有效值，峰值为$\sqrt{2} U_2$。在U_2的正半周期间，U_2的上端为正，下端为负。

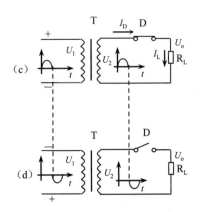

当二极管VD正向导通，相当于开关接通，如图（c）中所示，有电流流过二极管和负载R_L，若二极管正向压降忽略不计，那么在负载上的电压$U_o \approx U_2$。如图（e）中0~0.01 s期间。

在U_2的负半周期间，U_2变为上负下正，二极管VD因反偏而截止，相当于开关断开，如图（d）所示，没有电流流过负载，在负载上的电压U_o为0，如图（e）中0.01~0.02 s期间。

图11-1 半波整流电路的工作原理

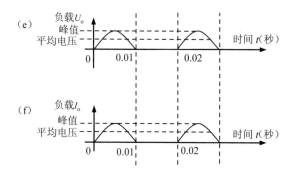

图11-1 半波整流电路的工作原理（续）

2. 滤波电路

从图11-1（e）可以看出，整流后在负载上得到的电压呈间断状态，称为单向脉动直流电（电流方向不变，总是自上而下流过负载），大多数的电子设备在这样的供电情况下还是不能正常工作，表现出来就是出现故障。为了给负载上供给稳定的直流电压，还需要进行滤波。

滤波的目的是要将脉冲直流电的脉动成份削弱、使输出电压更加平稳。滤波的方式包括：电容滤波、电感滤波、阻容滤波和π形滤波。

（1）电容滤波

电容滤波的电路原理图如图11-2所示。

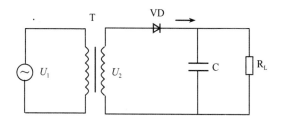

图11-2 电容滤波的电路原理图

电容滤波电路实际上就是在半波整流电路原理图中的负载上并联一个电容器C。

下面就分析一下增加电容后工作情况有什么变化，如图11-3所示。

变压器次级电压U_2波形如图（a）中虚线所示。当U_2处在第一个正半周的上升期（$0\sim T_1$）时，二极管VD导通，其电流向电容C充电，电容上的电压很快被充到U_2的峰值。当U_2下降时，电容C上的电压暂时保持在其峰值，因电容两端电压不能突变，所以二极管处于反向截止，电容上的电压通过负载缓慢放电，电压渐渐降低，如图（a）中$T_1\sim T_2$期间。

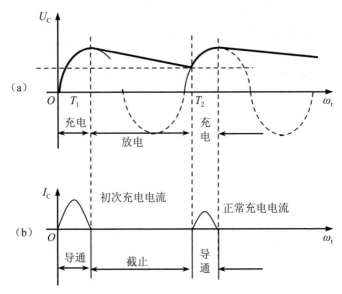

到达T_2时，由于T_2变到第二个正半周上升期并使二极管重新导通，再向电容C充电，电容的电压U_C又随U_2升高，再次达到峰值，这样重复下去得到图（a）中的实线波形，呈锯齿波形或三角波形。其负载电压U_L的平均电压大幅提高。

图11-3 电容滤波波形图

在电网电压发生突变时（升高或降低），电容两端的电压不会发生大幅波动。当电网电压突然升高时，U_2整流后对电容的充电电流加大，因电容两端电压不能突变，所以，电容上的电压上升缓慢，削弱了浪涌电流对负载的冲击，还能起到保护负载的作用。同理，若U_2突然下降，虽然U_2也下降，但电容上被充的电压不能突变降低，只能通过负载缓缓放电，使负载上的电压也不会突然降低。

电容滤波电压的特点如图11-4所示。

（1）输出电压没有了间断区，滤波后的直流电压比无电容时提高了，几乎达到U_2的峰值。在实际中，由于电容C的放电及整流管内阻等因素会使输出电压略低，约等于U_2。

（2）C越大，R_L越大，放电所引起的电压下降就越小，输出电压略有提高。

（3）滤波后的电压还呈锯齿波形，用示波器可清楚地看到其波形。

（4）由于电源电压只在半个周期内有输出，电源利用率低，脉冲成分太大。

图11-4 电容滤波电压的特点

（2）电感滤波

电感滤波电路原理图如图11-5所示。

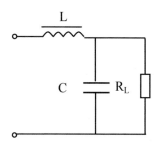

图11-5 电感滤波电路原理图

由电感本身的物理特性可知，当通过电感的原电流突然增大时，电感自身就产生一个感应电动势，其方向与增大的电流方向相反，两者相抵消一部分，结果阻碍突然增大的电流；当通过电感的原电流突然减小时，电感自身同样能产生一个感应电动势其方向与减小的方向相反，结果又阻碍电流的减小。这样的特性使变化的电流不能通过电感线圈加到负载上，使负载上的电压变化较小，从而起到稳压的作用。

（3）阻容滤波

阻容滤波电路原理图如图11-6所示。

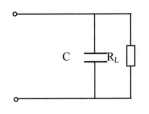

图11-6 阻容滤波电路原理图

阻容滤波电路是利用电阻和电容器进行滤波的电路，一般在整流器的输出端串联接入电阻，在电阻的两端并联接入电容，这种阻容滤波电路是最基本的滤波电路。阻容滤波电路优点是：滤波效能较高、能兼降压限流作用；缺点是：带负载能力差、有直流电压损失。阻容滤波电路适用场合是：负载电阻较大，电流较小及要求纹波系数很小的情况。对直流电源的质量要求不太高的情况下，也能够满足要求。

（4）π形滤波电路

π形滤波电路原理图如图11-7所示。

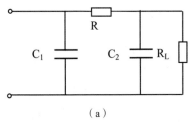

（a）

π型滤波电路有RC滤波电路和LC滤波电路两种，图（a）中电路中的C_1、C_2是两只滤波电容，R是滤波电阻，C_1、R和C_2构成一节π型RC滤波电路。电路中的R的取值不能太大，一般几至几十欧姆，其优点是成本低，缺点是电阻要消耗一些能量。

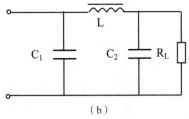

（b）

π型LC滤波电路中将电阻R换成了电感L图（b），因为滤波电阻对直流电和交流电存在相同的电阻，而滤波电感对交流电感抗大，对直流电的电阻小，这样既能提高滤波效果，又不会降低直流输出电压。LC滤波电路的缺点是电感体积大、笨重、价格高，用在要求高的电源电路中。

图11-7 π形滤波电路原理图

11.1.2　单相全波整流滤波电路

由于半波整流存在输出电压脉动大，电源利用率低等缺点，因而常采用全波整流，其电路组成如图11-8所示。与半波整流不同的是变压器多了一个中间抽头，其1~0绕组与0~2绕组匝数相等。

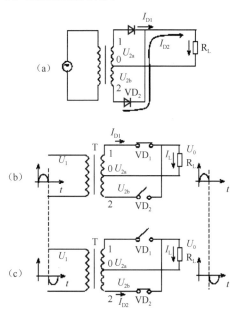

图11-8　单相全波整流滤波电路

图中(a)和(b)图，输入交流电压U_1为正半周时，变压器次级感应电压U_2被分为两部分，U_{2a}和U_{2b}。U_{2a}由变压器次级1~0绕组产生，设极性为"1正0负"；U_{2b}由变压器次级0~2绕组产生，极性为"0正2负"。二极管VD_1因正偏而导通（相当于开关接通），电流自上而下流经负载R_L到变压器器中心抽头0端；二极管VD_2因反偏而截止（相当于开关断开）。当输入交流电压U_1为负半周时，变压器次级感受应电压极性为"1负0正""0正2负"因而，VD_1截止，VD_2导通，电流还是自上而下流经负载到中心抽头0端。

当交流电进入下一个周期时，又重复上述过程。可见，交流电的正负半周使VD_1与VD_2轮流导通，在负载上总是得到自上而下的单向脉动直流电电流。与半波整流相比，它有效地利用了交流电的负半周。

单相全波整流电路的波形如图11-9所示。

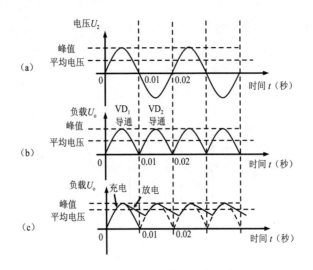

图11-9　单相全波整流电路的波形

从图中可以看出，全波整流电路的输出电压U_o比半波整流提高了一倍。$U_o=0.9U_2$。

11.1.3　桥式整流滤波电路

由于半波整流电路中，电源电压只在半个周期内有输出，电源利用率低，脉冲成分比较大。所以为了克服半波整流的缺点，实际设计电路时，多采用桥式整流滤波电路。桥式整流及滤波电路原理图如图11-10所示。

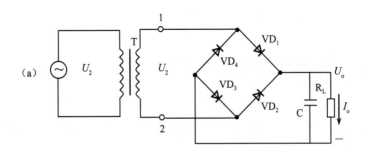

图11-10　桥式整流及滤波电路原理图

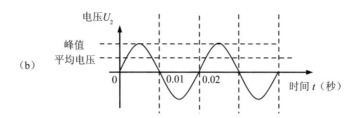

图11-10 桥式整流及滤波电路原理图（续）

从电路图（a）中可以看出，该电路用了四个整流二极管，其工作原理为：假设U_2为变压器次级交流电压，在U_2的正半周期间，变压器次级为上正下负，二极管VD$_1$、VD$_3$因正偏导通，电流由1端流出，经VD$_1$、R$_L$和D$_3$回到变压器2端，在负载上得到"上正下负"的电压，此时，VD$_2$和VD$_4$因反向而截止，波形如图（b）所示。请注意电流的方向和通路。

在U_2的负半周期间，变压器次级为上负下正，二极管VD$_2$、VD$_4$导通，VD$_1$、VD$_3$截止，电流由2端流出，经VD$_2$、R$_L$和VD$_4$回到变压器1端，在负载上得到的还是"上正下负"的电压，可见在U_2的整个周期内VD$_1$、VD$_3$和VD$_2$、VD$_4$各工作半周，两组轮流导通，在负载上总是得到上正下负的单向脉动直流电压，其波形变化如图11-10（c）所示。

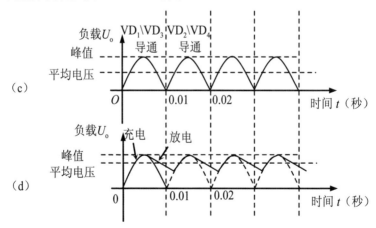

图11-10 桥式整流及滤波电路原理图（续）

当在负载两端并接上电容C滤波时，其输出电压更加平稳。其输出电压波形如图（d）中实线所示。

桥式整流及滤波电路的特点是：脉动减小，电源利用率提高。桥式整流电路的输出电压在无电容时约为$0.9U_2$；

桥式整流后的滤波电路同单相滤波电路。滤波后的输出电压$U_o = \sqrt{2}\, U_2$。

11.2 基本放大电路

放大电路也叫放大器，是电子设备中最基本的单元电路。在学习放大电路之前，先了解一下放大电路的组成、元器件的作用及放大原理等，然后简要介绍由场效应管构成的放大电路，最后再介绍用三极管构成的开关电路。

11.2.1 放大电路的组成

放大电路一般由三极管、电阻、电源、耦合电容、负载等构成的。如图11-11所示为电路原理图，三极管是放大电路的核心元件，担负着电流放大作用。

图的中V_{BB}是基极偏置电源，V_{CC}是集电极偏置电源，使三极管具备放大条件。R_b称为基极偏置电阻，通过V_{BB}为三极管提供合适的基极电流（I_b）。这个电流通常称为基极偏置电流。R_b过大或过小都会造成三极管不能正常放大。偏置，就是为放大电路建立条件，交流就是要放大的信号。R_c为集电极负载电阻，一方面给集电极提供适当的直流电位（静态电位），还能防止I_c过大使三极管过热而损坏；另一方面通过它将电流变化转变为电压变化。

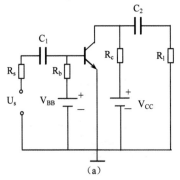
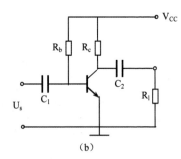

（a）　　　　　　　　　　　　　　（b）

C_1和C_2为隔直耦合电容。前面已经知道电容对高频信号呈短路（电阻很小），对直流呈现为高电阻，相当于不通（直流电被隔断）。在实际应用电路中，使用两个电源很不方便，一般从V_{CC}中通过电阻分压获取V_{BB}即使用同一个电源，这时要适当改变R_b的阻值，以提供合适的I_b。

在描绘电路图时习惯用图（b）所示形式，不再画出电源符号。输入端（输入回路）接信号源电压U_s，R_s表示信号源内阻，输入信号电压为U_i；输出端（输出回路）接负载电阻R_l，输出电压为U_o。

图11-11　放大电路的组成

11.2.2 共射极放大电路

共射电路是放大电路中应用最广泛的三极管接法，信号由三极管基极和发射极输入，从集电极和发射极输出。因为发射极为共同接地端，故命名共射极放大电路。共射放大电路的种类有很多，下面重点讲解固定偏置放大电路和分压偏置放大电路。

1. 固定偏置放大电路

固定偏置放大电路结构如图11-12所示。当电路接通时，就有I_b和I_c产生，并且I_b是固定不变的：

$$I_b=（V_{CC}-U_{be}）/R_b，U_{be}=0.6\sim0.7 \text{ V}$$

因此：

$$I_b\approx V_{CC}/R_b。I_c=\beta\times I_b$$

受I_b控制变化：

$$I_e=I_b+I_c$$

这三个电流一定要合适。集电极电流流过R_c产生压降，集电极电压$U_c=V_{CC}-I_c\times R_c$。

在输入端加上正弦波信号源后，信号源电压（U_s）通过电容C_1、三极管的b-e结形成的回路产生信号电流i_b（变化的），信号电流是随信号内容变化的。

在信号电压的正半周，信号电流i_b通过电容C_1、三极管的b-e结回到信号源的负极，对电容C_1充电（电容对高频信号呈现为低电阻），其充电电流就是信号电流i_b，加到I_b上使基极电流增大为$I'_b=i_b+I_b$。由三极管的电流放大原理可知，集电极电流也增大，集电极电流增大为$I'_c=\beta\times I'_b$，集电极电压$U_c=V_{CC}-I'_c\times R_c$。

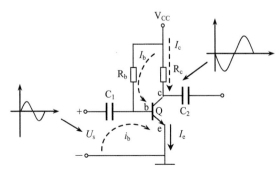

图11-12 固定偏置放大电路图

在信号电压的负半周，信号电流i_b使I_b减小，从而使三极管的基极电流减小。同时集电极电流I_c也减小、集电极电压跟着减小。可见，基极电流变化了，集电极电压也变化了，这就是三极管的电流和电压放大原理。

这里还要注意，集电极输出的信号波形与输入信号波形是相反的，也就是呈反相。所以，该放大器又称为反相放大器。

这种放大电路由于基极偏置电流是由固定电阻R_b提供的，R_b的阻值确定后，I_b和I_c就确定了：

$I_b=V_{CC}/R_b$

所以属于固定偏压放大电路。

另外，环境温度变化、电源电压波动、元件老化等因素，都会使原来设置好的静态工作点（偏置电流）发生改变，从而影响放大器的正常工作。比如，温度上升时，三极管的穿透电流增大，导致电路不能正常工作。

2. 分压偏置放大电路

分压偏置放大电路形式如图11-13所示。

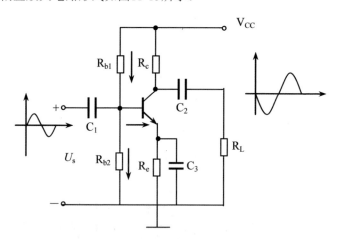

图11-13　分压偏置放大电路

该电路中，R_{b1}、R_{b2}对电源电压串联分压得到：

$U_b=V_{CC}/（R_{b1}+R_{b2}）\times R_{b2}$

所以基极电压U_b不随温度发生变化。因为：

$U_e=U_b-0.7 \text{ V}$，$I_e=U_e/R_e$

所以：

$I_c \approx I_e$，$U_{ce} = V_{CC} - I_c \times (R_c + R_e)$

其放大原理与固定偏置放大电路相同，即变化的集电极电压通过负载R_L对电容C_2充电、放电，在R_L上得到被放大的信号。

11.2.3 共集电极放大电路

共集电极放大电路原理图如图11-14所示。

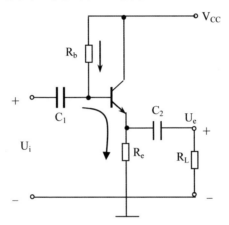

图11-14 共集电极放大电路原理图

与共射放大电路不同的是，集电极上没有接电阻。输入信号为U_i，输出信号从R_e两端取出。

共集电极放大电路的特点是：偏置固定，由R_b、R_e和三极管的b-e结内阻决定了基极电压U_b。电压放大特点是：从固定偏置上可看出，输出电压U_e在任何时候都比U_b低0.6 V。所以该电路的电压放大倍数略小于1。因此该电路又叫射极跟随器、射极输出器、电压跟随器。电流放大特点是：$I_c = \beta \times I_b$，与前述电路相同。

该电路虽然没有电压放大能力，但仍有较大的电流放大能力，这是该电路的最大特点。也正因为这个特点，绝大多数电子设备中都使用该电路来带动负载。

1.2.4 共基极放大电路

共基极放大电路原理如图11-15所示。

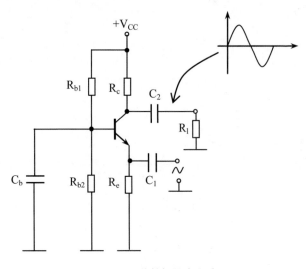

图11-15 共基极放大电路

共基极放大电路的特点是：放大电路的基极由电容C_b接地，用于稳定基极电压。信号通过C_1由发射极输入，被放大了的信号从集电极经C_2输出。

11.3 多级放大电路

多级放大电路如图11-16所示。

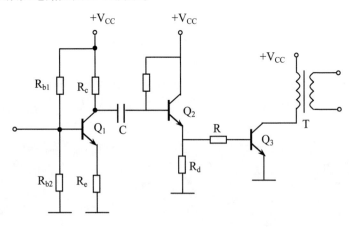

图11-16 多级放大电路

多级放大电路是由若干个单级放大电路串联起来构成的。单级放大电路的放大倍数不大，一般不超过200，在实际应用的电子设备中，放大倍数往往要高达成千上万，这样单级放大电路就不能胜任，需要把若干个单级放大电路串联起来构成多级放大电路。

信号在Q_1和Q_2二级放大电路间通过电容器C传递；信号在Q_2与Q_3二级间通过电阻R传递；经Q_3放大的信号由变压器T输送到下级。

信号在多级放大器之间的传递称为耦合，耦合的方式有直接耦合、阻容耦合、变压器耦合三种方式，下面将逐一介绍其特点。

1. 阻容耦合

阻容耦合就是用电容、电阻将前后两级放大器连接起来。如图11-16所示电路中的Q_1与Q_2之间的电容C。

阻容耦合的特点如下：

（1）前后两级工作点互不影响，方便检修。

（2）由于电容对低频信号的衰减大，不适合传送变化缓慢的信号。

（3）由于电容的体积较大，不能集成化。

2. 直接耦合

直接耦合就是将前级与后级直接连接或中间串联一个小阻值电阻。图11-16中Q_2和Q_3之间的电阻R（很多电路不用电阻）。

直接耦合的特点如下：

（1）元器件少，便于集成。

（2）前后级工作点互相影响，任一级有问题，整个电路工作点都将发生变化。易产生"零漂"。"零漂"就是输入级短路（无信号输入）时，输出端直流电位出现缓慢变化。"零漂"对放大电路非常有害。

3. 变压器耦合

变压器耦合是利用变压器将前后两级连接起来，信号通过变压器在两级之间传送，如图11-16中的T。

变压器耦合的特点如下：

（1）能够进行阻抗变换，前后级工作点互不影响。这是它的最大优点。

（2）但变压器体积稍大，不能集成，频率特性差。

11.4 低频功率放大器

前面讲的放大器，一般属于电压放大器，任务是将微弱的信号进行电压放大。输入和输出的电压电流都比较小，不能直接驱动功率较大的设备。这就要在放大器的末级增加功率放大器。功率放大器的任务是放大信号的功率（电压和电流都要放大）。因此属于大信号放大器。

在本节中，将介绍电子设备中常用的几种功率放大器。

11.4.1 双电源互补对称功率放大器（OCL电路）

双电源互补对称功率放大器（OCL电路）的电路组成如图11-17所示。

该电路主要由Q_1（NPN型）和Q_2（PNP型）及负载构成，采用正、负相等的两组电源供电，信号为U_i，从两管的基极输入，负载为R_1，Q_1又称为上功率管，Q_2又称下功率输出管。

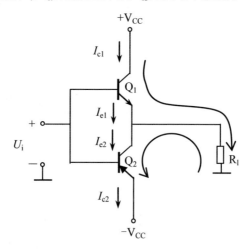

图11-17 双电源互补对称功率放大器原理图

双电源互补对称功率放大器的工作原理为：当信号电压为正半周时，Q_1正向导通，Q_2截止。V_{CC}通过Q_1的c-e结，流过负载，在负载上得到放大了的正半周信号；当信号电压为负半周时，Q_1截止，Q_2正向导通，$-V_{CC}$通过负载Q_2的e-c结到负电源，在负载上得到放大了的负半周信号，正负半周信号在负载上合成为全波。两管交替工作，互为补充，所以该电路称为互补对称电路。这种电路输出功率大，效率高，应用广。在显示器中主要用在场输出集成电路、平行四边形校正电路中。

11.4.2 单电源互补对称功率放大器（OTL电路）

由于OCL电路需要两个电源，在某些场合使用不便，为此，可采用单电源供电的互补对称功放电路，又称OTL电路。

图11-18所示为单电源互补对称功率放大器电路原理图。

图中，Q_3为前置放大管，Q_1、Q_2组成互补对称输出级，D_1、D_2提供偏置，并有温度补偿作用。C_1为信号输入耦合电容，C_L为输出耦合电容。R_1、R_2、R_3提供偏置。A点为功放中点，其正常工作电压为$1/2V_{CC}$，C_L容量很大，相当于一个$1/2V_{CC}$的电源。

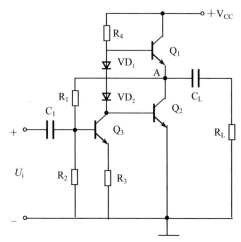

图11-18 单电源互补对称功率放大器（OTL）电路原理图

单电源互补对称功率放大器（OTL）电路的工作原理是：在U_i的负半周，Q_3导通程度减弱，其集电极电压升高。引起Q_1导通加强，Q_2截止，V_{CC}经过Q_1、R_L对C_L充电，其充电电流在负载R_L上产生自上而下的电流（i_{C1}），在负载上形成输出电压U_o正半周。同时，电容C_L被充上了左正右负的电压；在U_i的正半周，Q_3导通程度增大，Q_1截止，Q_2导通，C_L上的电压经Q_2、R_L放电，其放电电流在负载R_L上产生自下而上的电流（i_{C2}），在负载上形成输出电压U_o负半周。其结果在负载上得到放大了的输出信号U_o。

该电路存在动态范围小、最大输出电压幅值不够的问题。当Q_3集电极电压升高时，Q_1因基极电位升高而导通，导通越强，中点电压升上越多，这样会使正偏电压V_{BE1}下降，Q_1动态范围变小，最大输出电压偏小。解决办法是增加一个自举电容C_2和电阻R_5。图11-19所示为增加电容和电阻后的单电源互补对称功率放大器（OTL）电路原理图。

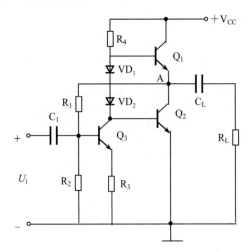

图11-19 增加电容和电阻后的单电源互补对称功率放大器电路原理图

加入C_2后，由于其容量较大，其两端电压可视为不变。当Q_1导通使中点电压升高时，C_2正极电压也跟着升高，使Q_1基极电位升高而获得正常偏压，保证了Q_1的大电流输出。电阻R_5为隔离电阻，将电源与隔开，使C_2上自举的电压不被电源吸收。正是因为加入电容C_2和电阻R_5后使Q_1基极电位自动升高获得正常偏压，所以，电容C_2和电阻R_5组成的电路又称为自举电路，C_2称为自举升压电容。如图2-20所示为增加电容和电阻后的单电源互补对称功率放大器（OTL）电路原理图。该电路被广泛应用在显示器、彩电场输出电路及各种音频功率放大电路。

11.4.3 单电源互补对称功率放大器电路故障检修

单电源互补对称功率放大器电路应用极为普遍，下面对该功率放大器的检修作进行介绍。常见故障现象为：中点电压不正常。

易损坏元件主要有：上功率输出管和下功率输出管及自举升压电容C_2。

OTL电路与OCL电路都是直接耦合，直流工作点互相影响，电路中任何一个元件发生故障都会使中点电压不正常。

单电源互补对称功率放大器电路故障检修方法为：在加电情况下检测中点电压。如电压不正常，说明电路中有损坏的元件，需要断电，用检测电阻法逐个检查电路的每个元件。

11.5 稳压电路

电子设备要正常工作，都需要稳定的直流电源。一般通过整流滤波后得到的电压仍呈不稳定的三角波形，会随电网电压产生波动，同时电子设备工作时负载电流变化及受温度等影响而变化，都会引起输出电压不稳定。为了解决这个问题，就要配置专门的直流稳压电源，如图11-20所示为直流稳压电源。

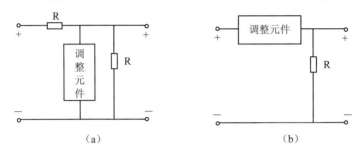

（a）　　　　　　　　　　　　　（b）

稳压电源电路的形式主要有两种：一种是并联型，调整元件与负载并联如图（a）所示；另一种是串联型，调整元件与负载串联如图（b）所示

图11-20　稳压电路的两种形式

11.5.1　稳压二极管构成的稳压电路

稳压二极管构成的稳压电路如图11-21所示。

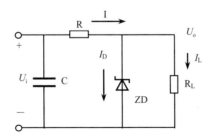

该电路中调整元件采用硅稳压二极管，供电电压用电阻R限流后，在负载上并联稳压二极管。输出的稳定电压由稳压管的稳压值决定。

图11-21　稳压二极管构成的稳压电源

下面分几种情况分析稳压二极管构成的稳压电路工作过程。

（1）负载电流不变，输入电压变高时的稳压过程

当输入电压升高时，输出电压也略增加，稳压管的工作电流（I_D）将增加，使流过限流电阻R的电流也增大，同时电阻R上电压降也增大，而输出电压$U_o=U_i-U_R$，U_R增加，U_o必减小，从而保持输出电压U_o基本不变。

（2）输入电压不变，负载电流变化时的稳压过程

当负载电流增大时，在R上的压降增大，引起输出电压U_o下降，稳压管的工作电流I_D下降，最后使通过R的电流基本不变。

稳压二极管构成的稳压电路的优点是：电路简单，稳压效果好，但是输出电压值不能调整，且输出电流小。

11.5.2　串联稳压电源

电路如图11-22所示为串联稳压电路。

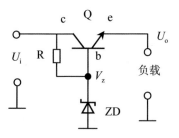

由三极管Q、电阻R、稳压二极管ZD稳压电源。U_i为输入电压，U_o为输出电压。电阻为稳压二极管提供基础电流，稳压二极管提供基准电压V_z，三极管Q为调整元件。从电路中，可以看出：$U_o=U_i-U_{ce}$，$U_o=V_z-U_{be}$。

图11-22　简单串联稳压电源

若输入电压U_i升高时，可能会引起输出电压升高，稳压电源电路将通过自动调整，使输出电压降低，达到稳定输出电压。简述如下：当U_o升高时，根据$U_o=V_z-U_{be}$，V_z不变，因此U_{be}下降，又根据三极管的特性，U_{be}降低使三极管基极电流I_b减小，三极管导通程度降低，I_c减小，使U_{ce}升高。根据$U_o=U_i-U_{ce}$可知，U_o也将降低，从而使输出电压稳定。其稳压控制过程可简述如下：

$$U_i \uparrow \rightarrow U_o \uparrow \rightarrow U_{be} \downarrow \rightarrow I_b \rightarrow I_c \downarrow \rightarrow U_{ce} \uparrow \rightarrow U_o \downarrow$$

从而使输出电压稳定。

相反，当输入电压降低时，输出电压可能降低，其稳压控制过程与上述相反。

当负载变重时，会引起输出电压降低；当负载减轻时又会使输出电压有所升高。同样，稳压电源都会通过自动调整使输出电压得到稳定。

从稳压过程可以看出，稳压电源由以下几部分组成：取样环节、基准电压源、比较环节及调整环节等。输出电压U_o被用作样品（取样），与基准电压（V_z）比较，产生的误差就是U_{be}，三极管Q根据误差电压调整导通程度（改变输出电流），使输出电压稳定。

11.5.3 具有放大环节的稳压电源

具有放大环节的稳压电源如图11-23所示。

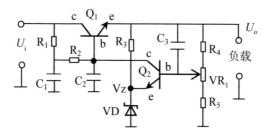

从电路功能上看，该稳压电源也是由"取样环节、基准电压源、比较环节、误差放大环节及调整环节组成。

图11-23 具有稳压环节的直流稳压电源

（1）取样环节

取样环节由电阻R_3、VR_1及电阻R_4组成。取样环节对输出电压分压，在VR_1的中间端获得样品电压，加到三极管Q_2的基极。该电压与输出电压成比例，即

$$U_{b2} = \frac{(R_4 + VR_{1下}) \times U_o}{R_3 + VR_1 + R_4}$$

（2）基准电压源

电阻R_2为稳压二极管VD提供基础电流，稳压二极管为电路提供基准电压V_z。

（3）比较放大环节

样品电压U_b经三极管Q_2的BE结与基准电压V_z相比较，产生误差电压U_{be}。误差电压被三极管Q_2放大，其导通程度受U_{be}控制，流过Q_2的集电极电流发生改变（U_{ce}改变）。

（4）调整环节

调整电路由三极管Q_1组成。通过控制Q_1的基极电流，进而改变Q_1的集电极电流，调整U_{ce}使输出电压得到控制。

提示：$\dfrac{R_4+VR_{1下}}{R_3+VR_1+R_4}$称为分压比，用$n$表示。$U_b=V_z+U_{be}$（$Q_2$），因$V_z$远远大于$U_{b2}$忽略不计，则输出电压$U_o=\dfrac{V_z}{n}$。

2. 稳压控制过程

设负载变重，引起输出电压降低。当输出电压U_o降低时，样品电压U_b与U_o成比例降低，经Q_2的BE结与基准电压V_z相比较，因$U_b=V_z+U_{be}$，产生的误差电压U_{be}必将减小。减小的U_{be}使误差放大三极管Q_2的基极电流I_b减小，引起Q_2集电极电流I_c变小（U_{ce}增大），输入电压U_i流经R1进入三极管Q_1的基极电流被Q_2集电极电流分流减少，Q_2基极电压升高，使Q_2集电极电流增大，U_{ce}减小，根据$U_o=U_i-U_{ce}$，输出电压U_o将升高，结果输出电压被调整升高，弥补负载变重引起的下降，从而使输出电压得以稳定不变。这一过程可简述如下：

负载重U_o降低$\rightarrow U_b(Q_1)\downarrow \rightarrow U_{be}(Q_1)\downarrow \rightarrow I_b(Q_1)\downarrow \rightarrow I_c(Q_1)\downarrow \rightarrow U_{ce}(Q_1)\uparrow \rightarrow U_i$ （Q_2）$\uparrow \rightarrow I_b(Q_2)\uparrow \rightarrow I_c(Q_2)\uparrow \rightarrow U_{ce}(Q_2)\downarrow \rightarrow U_o\uparrow$。

相反，负载变轻引起输出电压升高时的稳压控制过程与上述相反。

11.6　开关电路

11.6.1　三极管的三种工作状态

前面我们介绍了三极管构成的放大电路，在实际应用中，三极管除了用作放大器外（在放大区），三极管还有两种工作状态，即饱和与截止状态。

1. 截止状态

所谓截止，就是三极管在工作时，集电极电流始终为0，接近无穷大。此时，集电极与发射极间电压（U_{CE}）接近电源电压。

对于NPN型硅三极管来说：当U_{be}在0~0.5 V之间时，I_b很小，无论I_b怎样变化I_c都为0。此时，三极管的内阻（R_{CE}）很大，三极管截止。

当在维修过程中测量到U_{be}低于0.5 V或U_{CE}接近电源电压时，就可知道三极管处在截止状。

2. 放大状态

当U_{be}在0.5~0.7 V时，U_{be}的微小变化就能引起I_b的较大变化，I_b随U_{be}基本呈线性变化，从而引起I_c的较大变化$I_c=\beta \times I_b$。这时三极管处于放大状态，此时，集电极与发射极间电阻（R_{CE}）随U_{be}可变。当在维修过程中测量到U_{be}在0.5~0.7 V之间时，就可知道三极管处在放大状态。

3. 饱和状态

所谓饱和，是指当三极管的基极（I_b）电流达到某一值后，三极管的基极电流无论怎样变化，集电极电流不再增大，达到最大值，这时三极管就处于饱和状态。

三极管的饱和状态是以三极管集电极电流来表示的，但测量三极管的电流很不方便。但可以通过测量三极管的U_{be}电压及U_{CE}电压来判断三极管是否进入饱和状态。

当U_{be}略大于0.7 V后，无论U_{be}怎样变化，三极管的I_c将不能再增大。此时三极管内（R_{CE}）阻很小，U_{ce}低于0.1 V，这种状态称为饱和。三极管在饱和时的U_{ce}称为饱和压降。当在维修过程中测量到U_{be}在0.7 V左右、而U_{CE}低于0.1 V时，就可知道三极管处在饱和状态。

三极管的三个工作状态对于维修来说有很重要的指导意义，请读者认真领会。

11.6.2 三极管构成的开关电路

三极管构成的开关电路是把三极管的截止与饱和当作机械开关的"开和关"来使用。当三极管在截止时，集电极电流为0，相当于开关"断开"；而在饱和时，由于饱和压降很小，相当于开关的"接通"。因此，三极管广泛用做开关器件，主要是用在数字电路中。

图11-24所示为三极管构成的开关电路原理图。

当三极管接通U_1信号时，U_1为上负下正，在输入电路中，三极管因b-e结反偏而截止，三极管处于截止，此时$I_b=0$，$I_c=0$，$U_{ce}=U_o=V_{CC}$。三极管的三个电极间相当于开路，等效于图（b）。

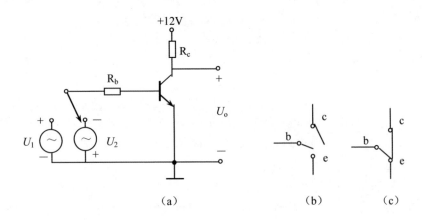

图11-24　三极管构成的开关电路

当三极管输入正极性信号U_2时，三极管处于饱和状态，流过三极管的基极电流大于等于基极临界饱和基极电流，集电极电流不随I_b变化；U_{ce}一般低于0.1V。c、e二极近似短路。等效于图（c），可见三极管相当于一个由基极电流控制的无触点开关。截止时相当于断开，饱和时相当于闭合。

当三极管用作开关来使用时，三极管从截止到饱和的过程需要一定的时间，尽管用时很短。在维修代换管子时一定要注意管子的开关参数。如行输出电路中的行输出管对管子的开关时间要求就要高一些。为了加速三极管的开关速度，常在开关电路中的R_1上并接一个电容C_1，这个电容称为加速电容，如图11-25中的电容C_1。

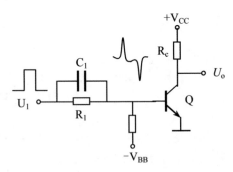

图11-25　三极管开关电路中的加速电容

场效应管有比普通三极管更好的特性，被大量用在数字电路中。这里不再赘述。